世界航天装备发展历史
—系列丛书—
陈小前　主编

太空探索的里程碑

MILESTONES OF SPACE

史密森尼国家航空航天博物馆十一件文物的故事

ELEVEN ICONIC OBJECTS FROM THE SMITHSONIAN NATIONAL AIR AND SPACE MUSEUM

【美】迈克尔·J. 纽菲尔德（Michael J. Neufeld）著
耿国桐　译

·北京·

内容提要

本书是史密森尼国家航空航天博物馆太空历史馆馆长迈克尔·纽菲尔德介绍博物馆中最具代表性的十一件航天展品的著作。这十一件展品既有美国第一艘载人航天飞船“友谊”7号、第一颗通信卫星“电星”、第一所空间站“天空实验室”、第一个载人登月飞行器登月舱LM−2，也有首个侦察卫星使用的“科罗娜”KH−4B相机、将人类首次送上月球的“土星”5号运载火箭使用的F−1发动机、人类第一个登上月球的宇航员阿姆斯特朗穿过的A7−L宇航服，还有代表人类探索宇宙奥秘的“旅行者”1号与“旅行者”2号、“海盗”号火星着陆器，以及“哈勃”太空望远镜。作者通过图文并茂的方式，讲述了美国航天史上多个第一次具有重大意义的里程碑事件，通过这些故事我们不仅了解到美国航天事业从无到有的发展历程，而且初步掌握美国太空探索从载人登月到载人航天再到星际探索的发展脉络。

著作权合同登记　图字：军-2020-013

图书在版编目（CIP）数据

太空探索的里程碑 /（美）迈克尔·J. 纽菲尔德（Michael J. Neufeld）著；耿国桐译. — 北京：国防工业出版社，2023.1

书名原文: Milestones of Space

ISBN 978-7-118-12651-8

Ⅰ.①太…　Ⅱ.①迈…　②耿…　Ⅲ.①空间探索－普及读物　Ⅳ.①V11-49

中国版本图书馆CIP数据核字（2022）第208705号

Milestones of Space by Michael J. Neufeld

ISBN 978-0-7603-4444-6

太空探索的里程碑

责任编辑　尤　力

出版　国防工业出版社（北京市海淀区紫竹院南路 23 号　邮政编码 100048）

印刷　北京利丰雅高长城印刷有限公司

经销　新华书店

开本　889mm × 1194mm　1/16

印张　11

字数　218 千字

版次　2023 年 1 月第 1 版第 1 次印刷

印数　1–3000 册

定价　166.00 元

（本书如有印装错误，我社负责调换）

国防书店：（010）88540777　书店传真：（010）88540776

发行业务：（010）88540717　发行传真：（010）88540762

目 录

前言与致谢

本书展示了史密森尼国家航空航天博物馆（美国国家航空航天博物馆）收藏的 11 件重要展品。作为作者，我们不奢求面面俱到，最终挑选出的这 11 件标志性展品最能代表美国在太空领域的主要成就和计划。书中各章由太空历史馆的多位馆长撰写，这些展品目前也都珍藏在这里。《天空实验室》一章由约翰斯·霍普金斯大学的斯图尔特·莱斯利和他的研究生莱恩·卡拉凡提斯共同撰写。在 2012 年到 2013 年间，莱斯利担任国家航空航天博物馆航空航天史主席。此外，《“友谊”7 号》一章的一篇补充报道改编自麻省理工学院研究生的网络文章，经作者本人同意后使用。

作者特别要感谢埃德加·德宾，他作为太空历史馆的一名志愿者，承担了各章照片的收集工作。德宾开展了大量图片研究工作，费尽周章地寻找分辨率更高的图像；将文字和图片的最终版本上传到出版商网站。他为本书成稿所做的杰出贡献已经远远超出志愿者的义务。

我们还要感谢本书的项目发起人——博物馆出版专员特里什·格拉博斯克和太空历史馆主席保罗·切鲁兹。此外，美国国家航空航天局档案馆馆长玛丽莲·格拉斯科维亚克提供了书中的大量照片，首席照片档案管理员梅丽莎·凯瑟在这方面提供的帮助最大。国家航空航天局的两位摄影师戴恩·彭兰和埃里克·朗为本书的展品拍摄了新照片，这两位摄影师和马克·阿维诺重新拍摄了所有年代久远展品的照片。最后，感谢美国国家航空航天局历史办公室首席档案官简·奥多姆和其他工作人员，他们为埃德加·德宾和其他作者的研究提供了很大帮助。

J37
J20

1962年2月20日，约翰·格伦成为第一个绕地球飞行的美国人。他乘坐“友谊”7号宇宙飞船绕地球飞行了三周。“友谊”7号重量不到一吨半，由“阿特拉斯”号洲际弹道导弹送入轨道。格伦是世界上第五位进入太空的宇航员，在他之前，两名苏联宇航员已经完成过绕地球飞行，另外两名美国宇航员完成了15分钟的亚轨道飞行。作为第一个完成绕地球飞行的美国人，这一成就可以与当时苏联的成就相提并论，因此他在美国的名声很快就超过了第一个进入太空的美国人艾伦·谢泼德。也是出于这一原因，1976年美国国家航空航天博物馆“飞行里程碑”展馆开放时，选择展出“友谊”7号的照片，而不是谢泼德的“自由”7号。

1957年10月4日开始的“水星计划”旨在将美国宇航员送入轨道，当时苏联人造卫星“斯普特尼克”刚刚升空。苏联成功将卫星送入轨道，使其声称已经进行洲际弹道导弹试验的说法更加可信，所产生的核威胁也更加真实。“斯普特尼克”人造卫星展示了苏联的科学和技术优势，伤害了美国的自尊心，因此引发了媒体和国会对艾森豪威尔总统政府的强烈抗议。随后，苏联在11月初将一只小狗成功送入轨道，而美国的第一次卫星发射尝试在12月初以火箭在发射台爆炸告终，美国公众和科学家的不满情绪更加强烈，艾森豪威尔政府被迫加速国家航天计划。

水星太空舱“友谊”7号

第一章

为航天计划打开绿灯后，美国军方之间的竞争也因此加剧，各军种都渴望在太空和远程导弹计划方面占据一席之地，陆军和空军竞相发展载人航天计划。艾森豪威尔总统对此感到厌烦，在政治家和科学家的建议下，最终认定民用航天机构能够更好地代表美国在冷战时期的国际形象。艾森豪威尔总统提议在国家航空咨询委员会基础上成立国家航空航天局，并授权这个新机构负责发展首个试验性载人航天计划。1958年10月1日，美国国家航空航天局成立之初即提出“水星计划”，目标是将美国人送上轨道。值得一提的是，当时只有男性可以承担“宇航员”工作；私下参加宇航员体检的女飞行员均被美国国家航空航天局拒绝。

在苏联的“斯普特尼克”人造卫星发射前，航天计划倡导者的设想是人类可以乘坐多人航天飞机进入轨道。但在当时，为了打败苏联而开发航天飞机对于美国而言无疑是一种奢望，至少在首个载人航天计划中不可能完成。为了“弯道超车”，美国决定建造一个“弹道舱”，也就是利用导弹

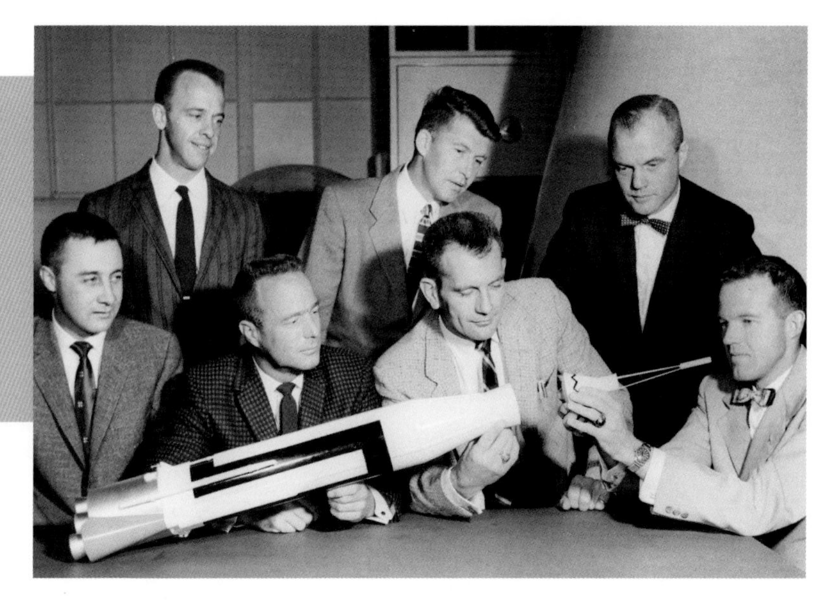

七名“水星计划”宇航员的早期宣传照，照片大概是在1959年4月宣布入选后不久拍摄的。从左至右，坐：维吉尔·格里森姆、斯科特·卡彭特、沃尔特·斯雷顿、戈登·库珀。站：艾伦·谢泼德、瓦尔特·施艾拉、约翰·格伦（来源：美国国家航空航天局/美国国家航空航天博物馆）

头部作为太空舱，能够容纳一名宇航员以及维持其生命和将其送回地球的系统。来自弗吉尼亚州汉普顿美国国家航空航天局兰利研究中心的航空工程师马克斯·法格特设计并绘制出了一个带有头锥的圆柱形航天器，航天器扁平、宽大的底座上覆盖着一层隔热罩，隔热罩产生的阻力可以使航天器减速，并阻挡当航天器以约17500英里[①]/小时的速度再入地球大气层时产生的巨大热量。这种用于保护弹道舱的技术直接来自于洲际弹道导弹弹头，可以采用重金属“散热器”，或者玻璃纤维和树脂烧蚀热防护罩，这些材料将在再入过程中被燃尽。“友谊”7号和“水星”轨道任务使用的是后者。

1958年，美国唯一能够发射这种航天器的大型火箭是空军的“阿特拉斯”号，也就是美国的第一种洲际弹道导弹。但“阿特拉斯”仍处于早期开发阶段，并且非常容易爆炸。总部设在兰利中心的太空任务小组由罗伯特·吉尔鲁斯领导，主要负责“水星计划”。太空任务小组认为，早期为测试太空舱开展的太空任务和宇航员训练绝对是明智之举。任务小组采纳了美国陆军之前载人航天计划的想法，并决定使用美国陆军的“红石”战术弹道导弹。这种导弹可以将太空舱发射到100英里的高空，但其速度只能达到送至轨道所需速度的1/3左右。

1959年4月，美国国家航空航天局公布了首批入选的七名宇航员名单。这七名宇航员是在总统命令下，从现役军事试飞员中选拔出来的。宇航员们不想被看作仅仅是“乘客”，因此都跃跃欲试，希望展示自己的能力。“水星”太空舱采用自动化操作设计，很大一部分原因是尚不清楚航天飞行将产生哪些医学后果。一些医生认为失重和隔离会造成生理或心理问题，使宇航

---

① 1英里≈1.609千米。

约翰·格伦

飞行员/政治家

约翰·格伦在成为美国家喻户晓的宇航员之前，已经是一名著名的海军试飞员。在1957年7月参与“子弹计划”时，他驾驶一架F-8U“十字军战士”战斗机，创下了在3小时23分钟内横贯美国大陆的飞行速度纪录。这也是首次从美国东海岸到西海岸的超声速飞行，这一成就也使他的名字出现在1957年秋季全美播出的电视游戏节目《辨声识曲》中。

1921年7月18日，格伦出生于俄亥俄州的坎布里奇，后在附近的纽康科德上学。1942年，他自愿加入海军陆战队，在执行海外任务前与青梅竹马的恋人安娜·卡斯特结婚。婚后养育了两个孩子。1944年至1945年间，格伦驾驶一架F-4U“海盗”战机在太平洋舰队执行了89次战斗任务。在朝鲜战争期间，他驾驶喷气式飞机完成了两次战斗任务，第一次是驾驶海军陆战队的F-9F“黑豹”战斗机，之后是驾驶F-86“佩刀”战斗机，共击落了三架米格-15战斗机。1956年，他被分配到马里兰州帕图克森特河，成为海军航天局的一名试飞员。1959年，他被选为美国国家航空航天局的七名“水星”宇航员之一。

“友谊”7号为他带来的声誉使他与约翰·肯尼迪总统和肯尼迪家族走得很近，他也因此不再执行太空任务。1964年1月，格伦决定以民主党人的身份竞选公职。一年后，他以上校的身份从海军陆战队退役，后来在俄亥俄州参议员竞选中落败。之后他担任了一段时间的公司高管，终于在1974年当选为参议员，并一直任职到1999年初。

在最后一个任期结束时，格伦获得了一次重返太空的机会。这次机会来自他参与游说的航天飞机任务，该任务的目的是研究太空飞行对衰老身体的影响（他当时已经77岁）。1998年10月29日至11月7日，他作为有效载荷专家在“发现”号航天飞机上飞行了九天，至今仍然保持着太空飞行最年长者的纪录。由于在太空和地面的杰出成就，格伦于2009年获得国会金牌，于2012年获得总统自由勋章。

海军少校约翰·格伦和他在“子弹计划”中使用的美国沃特F-8U“十字军战士”战斗机。他在1957年7月创造了横贯美洲大陆的最快速度纪录（来源：美国国家航空航天博物馆）

员无法适应。然而这七位宇航员对这些问题根本没有理会，他们主动要求在驾驶员头部上方开设一个窗口，并对驾驶舱布局进行了各种改造，以便在自动系统出现故障时加强控制。

真正实施的“水星计划”时间比预期的更长，情况也更加复杂。1960年

在 1961 年 4 月 12 日尤里·加加林成功绕地球飞行一周后，《亨茨维尔时报》（阿拉巴马州）的头条新闻报道了首次载人航天飞行对世界舆论的影响（来源：美国国家航空航天博物馆）

Feature Index

The Huntsville Times

Where Progress... Covers The Valley!

28 PAGES TODAY

VOL. 51, NO. 21 — HUNTSVILLE, ALABAMA, WEDNESDAY, APR. 12, 1961 — 10c PER WEEK

Man Enters Space

'So Close, Yet So Far,' Sighs Cape

U.S. Had Hoped For Own Launch

CAPE CANAVERAL, Fla. (AP) — The Redstone rocket which the United States had hoped would boost the first man into space stands on a launching pad here. The Soviet Union beat its firing date by at least two weeks.

"So close, yet so far," commented a technician who is helping groom the Redstone to send one of America's astronauts on a short suborbital flight, hopefully late this month or early in May.

Soviet Officer Orbits Globe In 5-Ton Ship

Maximum Height Reached Reported As 188 Miles

MOSCOW (AP)—A Soviet astronaut has orbited the globe for more than an hour and returned safely to receive the plaudits of scientists and political leaders alike. Soviet announcement of the feat brought praise from President Kennedy and U.S. space experts left behind in the contest to put the first man into successful space flight.

By the Soviet account, Maj. Yuri Alekseyvich Gagarin, rode a five-ton spaceship once around the earth in an orbit taking an hour and 20 minutes. He was in the air a total of an hour and 48 minutes.

Hobbs Admits 1944 Slaying

VON BRAUN'S REACTION:

'To Keep Up, U.S.A. Must Run Like Hell'

WERNHER VON BRAUN

This is Russian Maj. Yuri Gagarin, history's first man in space.

Praise Is Heaped On Major Gagarin

First Man To Enter Space Is 27, Married, Father Of Two

'Worker' Stands By Story

Reds Deny Spacemen Have Died

No Astronaut Signal Received At Ft. Monmouth

Today's Chuckle

Reds Win Running Lead In Race To Control Space

年底，太空任务小组发射了首次无人驾驶的“水星－红石”亚轨道飞行器，随后在 1961 年 1 月将黑猩猩“哈姆”送上太空（医生要求在第一次人类亚轨道和轨道飞行之前必须进行活体实验）。虽然“哈姆”安全返回了地球，但 4 月 12 日，苏联宇航员尤里·加加林搭乘“东方”一号宇宙飞船绕地球飞行一周，打破了美国率先进入太空的希望。5 月 5 日，艾伦·谢泼德完成了亚轨道飞行。7 月，维吉尔·格里森姆也完成了亚轨道飞行。约翰·格伦是这两次任务的后备宇航员。8 月初，苏联宇航员盖尔曼·蒂托夫在轨道上停留了一整天。此时美国还没有完成这一尝试，但吉尔鲁斯的团队认识到，再进行亚轨道测试只会推迟轨道飞行时间，而且也难以从中得到新认知。他们认为，行动的时机已经成熟，是时候将格伦送上太空了。

1961年9月，执行“水星－阿特拉斯”4号任务的太空舱进入轨道，舱内有一个“宇航员模拟器”，用于测试环境控制系统。同年4月曾发生过一次助推器爆炸事故，幸好逃生系统发挥了作用，但严重损坏的太空舱不得不重新翻修，此次事件反映出航天飞行的危险性。在同年11月的任务中，黑猩猩“伊诺斯”绕地球飞行了两周，姿态控制系统耗尽了过氧化氢燃料，任务被迫中止，因此没有完成名义上的绕地球飞行三周的任务。“伊诺斯”返回地球后，约翰·格伦终于得到许可，将搭乘“水星－阿特拉斯”6号进入太空。

谢泼德在命名“自由”7号时使用了数字7，代表由7人组成的宇航员团队，格伦决定将他的飞船命名为“友谊”7号，以延续这一传统。但是，技术问题将这次飞行推迟到1962年1月，而这仅仅是一连串问题的开始。在几次推迟之后，媒体和公众的耐心被消磨殆尽。多次推迟的原因是发射地卡纳维拉尔角冬季多云的天气。1959年无人驾驶的“水星－阿特拉斯”1号发生爆炸后，美国国家航空航天局制定了一条规则：发射当日天空必须晴朗、能见度高，利于发生事故后开展调查。

终于，1962年2月20日，天气开始好转。格伦于东部时间凌晨2点20分起床，吃过早饭，穿好宇航服，然后在6点多进入飞船（飞船空间十分狭小，宇航员们开玩笑称：“与其说进入，不如说穿上”）。技术人员将他绑在根据其身形制作的玻璃纤维座椅上，这种材料可以缓解加速、减速时产生的高压力。由于机械故障，又出现了几次延误。终于，在9时47分“阿特拉斯”号咆哮升空。

左：1962年2月20日，发射日当天早晨，格伦进入“友谊”7号。进入狭窄的驾驶舱非常困难，需要几名技术人员的帮助（来源：美国国家航空航天局／美国国家航空航天博物馆）

右：“友谊”7号在“水星－阿特拉斯”6号任务中发射。助推器是经过改造的洲际弹道导弹。飞船顶部是一个“逃生塔”。强大的固体燃料火箭可以在紧急情况下将太空舱拖走。由于“水星－阿特拉斯”1号和3号助推器都在无人驾驶试验中爆炸，能否成功发射在当时还是未知数（来源：美国国家航空航天局）

在加速过程中，格伦的胸口会感受到 8g（重力加速度的八倍）的压力，不到五分钟，格伦已经进入 162 英里 ×100 英里的轨道，飞行速度为 17554 英里 / 小时。在与助推器分离后，“友谊” 7 号的自动控制系统立即控制飞船转向，以便绑在防火罩上的逆时针装置能够指向飞行方向，这样就可以随时在紧急情况下返回。格伦可以透过窗口看到“阿特拉斯”号在他身后的轨道上缓慢翻滚。在 20 分钟内，他已经越过西非海岸，与加那利群岛和尼日利亚卡诺的跟踪站取得了联系。这些跟踪站全部接入全球网络，由位于卡纳维拉尔角的“火星控制”中心负责运行。

格伦全程飞行约 89 分钟，在行程达到一半时，他来到印度洋上空，第一次看到了日落，在之后的行程中他又看到两次日落，他这样描述：“五彩斑斓……随着太阳越来越低，一个黑色的影子慢慢遮住地球，直到你能看到的整个表面变成一片黑暗，只在地平线上留下一条明亮的光带。开始时，光带是白色的。当太阳下沉，底层的光变成了明亮的橙色，接下来一层是红色，然后是紫色，然后是浅蓝色，然后是深蓝色，最后是漆黑的太空。流光溢彩，比彩虹更美……”

随后，当跨过澳大利亚海岸时，他告诉位于西澳大利亚的太空舱通讯员戈登・库珀，他可以看到灯光。这是因为珀斯和弗里曼特尔市的市民把所有灯都打开迎接他。

20 分钟后，格伦来到太平洋中心，他在驾驶舱中背向驾驶，通过控制面板中央的潜望镜屏幕看到了日出。潜望镜有一个广角镜头，当遮盖门移开时，可以从航天器底部伸出，这是飞船内置的主要显示器，但在宇航员们的极力要求下安装了一个更大的窗口。当太阳升起时，格伦抬头瞥了一眼窗

飞船相机拍到格伦在飞行中的照片。他胸前有一面镜子可以照到控制面板的状态，以便之后“水星计划”工程师们利用这张照片调查飞船上发生的事情。他右肩上的另一台摄影机拍下了仪表盘的照片（来源：美国国家航空航天局 / 美国国家航空航天博物馆）

口，眼前的景象令他着迷：“在我的周围，就我视力所及的范围内，有成千上万个发光的小颗粒”。他将这些小颗粒称为“萤火虫”。他认为这是他在飞行期间和之后经历的最大谜团。直到同年 5 月，他的副手斯科特·卡彭特执行了同样绕地球三周的任务时才解开这个谜——卡彭特撞到太空舱舱壁后出现了更多的小颗粒，原来它们是环境控制系统中蒸发器产生的微小冰粒，附着在太空舱外部。

“友谊”7 号的驾驶舱。宇航员的姿态控制杆在右边，左边是“紧急中断飞行手柄”，用于紧急情况下逃出运载火箭。在主控面板的中下部可以看见潜望镜屏幕，左边是一排各种重要功能的指示灯。最后一个是着陆包部署灯，这是此次任务中遇到的一个关键问题（来源：美国国家航空航天博物馆）

当格伦接近墨西哥海岸时已经接近第一圈飞行终点，此时他第一次遇到姿态控制问题。飞船的头锥向右偏移，当偏离中心线 20° 时，圆柱形鼻部的一个推进器喷注器将其推回，但相反的推进器停止了这一动作。这种由燃料泄漏引起的漂移将不断重复，并开始消耗自动系统中过氧化氢的供应。很快，“友谊”7 号的一个推进器出现了间歇性失灵。

格伦尝试了两种选择。第一种是手动控制系统，使用独立的储存和喷射装置；第二种是“线控飞行”模式，即使用右手边的操纵杆手动控制自动系统。后者似乎更加奏效。手动控制姿态后，他有时可以停止向后飞行，这也证明了“人在回路中”的价值。黑猩猩“伊诺斯”在飞行中也遇到了类似问题并因此中止了任务，但格伦认为他可以完成绕地球三圈的任务。但他必须

任务控制的起源

位于佛罗里达州卡纳维拉尔角的“水星控制”中心，照片显示的是格伦任务中的控制中心。地图上记录了三次飞行的轨迹，还记录了格伦在离地球不超过100英里（160千米）轨道上各跟踪站的分布情况（来源：美国国家航空航天局）

克里斯托弗·哥伦布·克拉夫特是来自弗吉尼亚州海滩区的一名年轻的美国国家航空航天局工程师。他率先设想出任务控制的概念，也就是后来的“水星控制”。早期，在考虑如何与环绕地球飞行的宇航员通信时，克拉夫特就清楚地意识到，美国国家航空航天局需要一个连接到中央控制中心的全球跟踪站网络。通过这样的中央控制中心，太空舱的许多功能可以从地面备份，并将命令和应急程序传达给飞行员。克拉夫特决定划分航天器、助推器和网络的各种功能，因此产生了许多任务控制的角色和缩写。例如，负责运

注意燃料余量，因为必须保留再入大气层时控制太空舱的燃料。

在环绕地球过程中，格伦做了各种各样的实验。每隔一段时间，需要给装在宇航服中的血压袖带充气。他利用视力表练习，还尝试挤压管装苹果酱。他有两台相机，一台用于白天拍摄地球，另一台带有石英透镜的特殊相机用于夜间拍摄猎户座的紫外线照片，由于大气层屏蔽作用，这在地球上是无法进行的。考虑到宇航服笨重的手套，相机还配备了手枪式握把，以方便

载火箭的控制人员被称为Booster，有专用的控制台；负责与宇航员沟通的人员被称为CAPCOM（太空舱通讯员），此人本身也是宇航员。

在1959年至1961年建设“水星控制”中心期间遇到了许多挑战。当时世界上还没有地球静止轨道通信卫星，网络连接需要海底电话电缆和电传打字机，计算机是体积能够占满整个房间的大主机。轨道和轨迹计算在美国国家航空航天局戈达德航天中心的IBM计算机上进行。戈达德航天中心位于华盛顿特区外，是一个通信基础设施中心；计算结果随后被传输到“水星控制”中心。跟踪站必须建在通常比较危险的偏远地区，需要国家和国防部门提供援助。在建设卡诺站（尼日利亚）和桑吉巴站（东非海岸附近的一个小岛）时，因为当地的反美情绪高涨而出现了许多麻烦。“水星计划”后，这两家跟踪站均被移除。此外，克拉夫特的副手尤金·克兰兹必须训练所有追踪站的核心成员开展团队合作。

在1961年秋季的无人飞行任务中，“水星控制”系统进行了第一次全球测试。但是，在格伦飞行过程中，错误的热屏蔽信号引发了一场危机，这让克拉夫特明白，必须确定具有权威性的飞行指挥（“水星计划”任务期间几乎都是他来担任这一角色），以便在没有外部干扰的情况下进行决策。此次事件也证明了明确制定任务规则的极端重要性。事后看来，克拉夫特认为，他不应该允许在再入大气层时使用未经测试并且很可能十分危险的制动火箭包程序。

后来，载人航天飞行计划转移到得克萨斯州，“双子星”计划开始后，“水星控制”中心变成了休斯敦的任务控制中心。最后一次在卡纳维拉尔角老建筑外执行的控制任务是1965年“双子星”3号绕地三周飞行，此次任务中有两名宇航员。

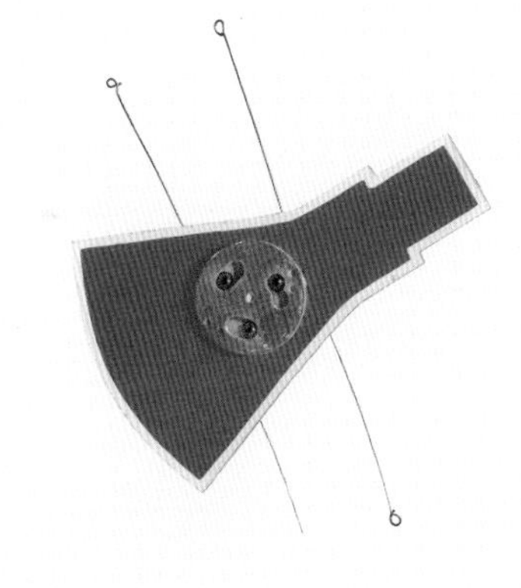

使用。但在格伦绕地球飞行第二圈时，再次出现姿态控制问题，他不得不放弃了许多额外的天文和地球观测计划。

但格伦不知道的是，在“水星控制”中心，飞船传回的遥测信号令人感到惊慌。“51程序段”代表隔热罩可能松脱。“水星”太空舱的隔热罩被固定在一个着陆包上。这个着陆包在海中降落之前的最后一段降落伞下降过程中掉落。着陆包可以提供缓冲冲击，也能够发挥类似于锚的作用，以增加太

“友谊”7号的“第四次绕地球飞行”

飞行结束几个月后，“友谊”7号开始了第二次任务，也可以将之称为“第四次绕地球飞行”：在近30个城市举办全球展览活动，以宣传美国及其航天计划。自从“斯普特尼克”人造卫星上天以来，美国和苏联开始将太空飞行视为展示权力、技术能力和国家价值观的主要手段。因此，美国的航天计划及其在国外的展览成为了冷战期间美国外交关系的一个重要工具。

在为期三个月的巡回展览中，大约有400万人参观了“友谊”7号，另有2000万人观看了来自展览现场的太空舱直播节目。1962年5月初，太空舱在伦敦科学博物馆展出的第一天，数千名参观者被拒之门外，因为拥挤的人群让博物馆不堪重负。尽管在太空舱展览期间，热带雷暴袭击了尼日利亚，墨西哥发生了地震，但展览在每个城市都引起了巨大轰动，超出了美国国家航空航天局和国务院官员们的想象。

“友谊”7号搭乘美国空军的一架货机飞往世界各地，机身上印有“与‘友谊’7号一起环游世界”的字样，还有太空舱在夏天时飞跃四大洲的地图。美国国家航空航天局卡纳维拉尔角的工作人员作为随行人员回答人们的提问。

“友谊”7号在欧洲和非洲吸引了大量参观者，在亚洲也引起了剧烈的反响。7月中旬，当“友谊”7号抵达孟买时，55000名居民为了一睹“友谊”7号的“芳容”，在体育场等了四个小时。抵达东京市区时，太空舱被送往著名百货公司高岛屋展览。数百名警察和工作人员引导人群排成一列，

空舱在海洋中的稳定性。隔热罩被三个插销固定在飞船主体上。如果隔热罩真的随插销松脱，那么唯一能将其固定住的就只有三根背带，这三根背带是用来将制动火箭组件固定在隔热罩上的。三根背带与飞船主体的边缘连接，飞船主体本身覆盖着由镍合金或铍制成的特殊高温金属瓦。飞行指挥克里斯托弗·克拉夫特立刻意识到，隔热罩松脱的信号肯定是错误的。他在任务控制中心检查飞船的跟踪图后发现，着陆包是联网的，那么错误的插销传感器也可能产生这种信号，但没有办法证明是否真的存在隔热罩松脱问题。

当格伦第二次飞越澳大利亚时才第一次发现这个问题。库珀问他着陆包的开关是否关闭，并且当高度发生“急剧”改变时，他是否听到撞击声音。

1962 年 7 月 1 日，当“友谊”7 号抵达锡兰科伦坡（现斯里兰卡）机场时，一只吹着喇叭的大象出来迎接（来源：美国国家航空航天博物馆）

爬上九层楼梯，在楼顶上蜿蜒而行，然后再从九层楼梯下来，来到太空舱所在的一楼。在为期四天的展览中，超过十万人前来参观“友谊”7 号。

约翰·格伦在太空飞行结束一年后写信给肯尼迪总统的国家安全顾问乔治·邦迪。信中称，此次世界展览表明，美国的航天计划“不仅仅是一次宣传计划……而且是一个经过深思熟虑的科学计划，因为它最终将像科学探索一样造福世界各国人民”。开放的展览代表了美国及其政治意识形态。当“友谊”7 号毫无保留地展现在世界各国人民面前时，人们才能更深切地体会到美国航天计划的真实性、不涉及政治意图的善意本质，以及为了造福全人类而设计的初衷。

——特塞尔·缪尔·哈莫尼

格伦的回答是没有。然后，他就把这件事忘记了，地面控制人员在整个轨道飞行期间再也没有提起此事。格伦的大部分时间都用于处理姿态控制问题、错误的陀螺仪以及按要求进行医学测试。但“水星控制”中心一直在讨论应该如何处理这个问题，并且紧张气氛开始加剧。克拉夫特倾向于正常地再入大气层，这意味着在三枚固体燃料火箭将格伦送出轨道后，就会弹出制动火箭装置。克拉夫特的上级，太空舱设计师马克思·法热和“水星计划”运营总监沃尔特·威廉姆称，如果克拉夫特的猜测是错的，隔热罩真的松脱，宇航员可能会在再入大气层时丧命。克拉夫特回应说，如果制动火箭中的固体燃料没有全部燃烧掉，火箭在重返大气层时也会爆炸。无论如何，解开这个谜团的空气动力学状况都是未知的。

经过特殊改装的紫外线照相机，格伦用它在第一次飞行时拍摄猎户座天文照片。该照相机目前与飞船一起在美国国家航空航天博物馆展出（来源：美国国家航空航天博物馆）

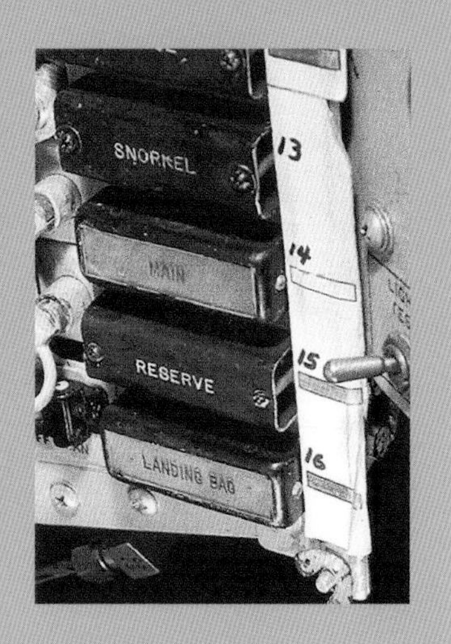

控制面板上着陆包指示灯的特写（来源：美国国家航空航天博物馆）

讨论一直持续到制动火箭点火，此时飞船已经抵达加利福尼亚上空，接近第三圈飞行的终点，指定的着陆区在特克斯和凯科斯群岛以东的大西洋上。当即将到达这一关键时刻时，格伦经过夏威夷附近的地面站，太空舱通讯员传达了“水星控制”中心的要求，让格伦将着陆包的开关换到“自动”，然后看他左手边仪器面板上最左侧的指示灯是否亮起。格伦有些忐忑不安地照办，不知道是否会意外打开着陆包，但指示灯没有亮，他迅速关掉了开关。通讯员告诉他，再入大气层程序正常，但事实证明，这个预测为时过早。

当格伦进入位于阿奎罗角的加利福尼亚跟踪站范围时，宇航员沃利·斯吉拉向他讲解了火箭制动程序，并告诉他在到达得克萨斯州科珀斯克里斯蒂跟踪站之前一直将着陆包打开。在下达这一指令之前，“水星控制”中心展开了激烈讨论。克拉夫特终于屈服于威廉姆斯和法热的压力。格伦已经开始下降，当他经过得克萨斯时，被告知要在整个再入阶段保持着陆包打开状态。飞船制动火箭已经点火三次，意味着所有推进剂都已经燃烧，并且着陆包不会爆炸。此时格伦真的开始担心了，外界也跟着揪心，因为美国空军中校约翰·鲍尔斯已经对外宣称，防热罩可能松动。鲍尔斯是“水星计划”公共信息官员，也是“水星控制”中心的对外发言人。美国的第一次外太空载人航天任务会以宇航员与飞船共同丧生火海而告终吗?

在之后出版的一本书中，作者描述了格伦当时的内心感受：“我知道如果防热罩松脱，我将首先感受到背部的热脉冲，我一直在等待这种感觉”。炽热发光的制动火箭包碎块从他的窗前飞过，一条断掉的背带从他面前飘过。飞船周围空气的电离作用将无线电通信切断。这是美国宇航员经历的第一次通信中断。他只能与飞船上的录音机说话。在最糟糕的时候，他说：“外面有个火球”。在“水星控制”中心，一秒像是一小时那样漫长。通信中断持续了将近四分半钟。格伦没有等到热脉冲造成的背部灼热感。最后，他放慢速度，熬过了通信中断，然后他和控制中心的太空舱通讯员艾伦·谢泼德恢复了通信。大家终于松了一口气。

在格伦下降过程中，太空舱吸收了再入过程中的热量，导致舱内温度过高，太空舱开始在低层大气中剧烈振荡。格伦用尽了两个控制系统里的燃料，试图控制住振荡。他考虑过用迫击炮发射出小型阻力伞，以稳定飞船，但当他伸手去开开关时，降落伞自动打开了。在 10800 英尺[①] 的高空，主降落伞展开，4 小时 55 分 23 秒之后，任务结束，格伦坠入水中。当时大约是东部时间下午 2 点 42 分。由于“水星计划”缺少再入大气层阶段的经验，格伦在离航空母舰大约 40 英里的地方着陆，但是离“诺亚”号驱逐舰很近。当格伦在闷热的驾驶舱里汗流浃背时，驱逐舰靠近后停了下来，将

① 1 英尺 =0.3048 米。

“诺亚”号驱逐舰上的水手们准备将“友谊”7号拖上船（来源：美国国家航空航天局/美国国家航空航天博物馆）

“友谊”7号吊到了甲板上。上船后，格伦打开爆炸舱门快速离开。他浑身湿透、严重脱水，但因为完成任务而欣喜若狂。

这次成功的飞行令所有美国人感到欣喜和自豪，这超出了格伦和“水星计划”成员们的想象。美国总统约翰·肯尼迪致电格伦向他表示祝贺，并前往卡纳维拉尔角参加庆典。25日，25万人参加了华盛顿特区的游行，总统在国会联席会议上发表讲话。3月1日被定为纽约市的“约翰·格伦日”，人们举行了盛大的彩带游行。至于“友谊”7号，在经过彻底的技术评估后，于1962年开始了全球展览，并于1962年11月抵达美国国家航空航天博物馆。它的光芒很快超过了“自由”7号。也许是因为在美国人心目中，格伦的成就与苏联的加加林相当，因此“友谊”7号成为了“水星计划”和美国宇航员进入太空的象征。

——迈克尔·纽菲尔德

“友谊”7号规格说明

制造商：
麦克唐纳飞行器公司，圣路易斯

长度（在美国国家航空航天博物馆的长度）：
9英尺4英寸（2.84米）

长度（加上应急脱离塔的长度）：
26英尺（7.90米）

长度（在轨道中的长度）：
11英尺4英寸（3.45米）

直径（基底）：
6英尺2英寸（1.88米）

重量（当前）：
2987磅（1354.88千克）

在航天飞行发展的早期阶段，美国民用航天计划取得的所有成功，无论是载人航天飞行还是将卫星或探测器送入太空，都引起了公众强烈关注。每个新的里程碑都预示着科学技术的进步，在拥有令人极其痛苦地缘政治的冷战时期，美国发生的巨大变化和人类社会可能实现的未来。航天飞行让人们看到了未来长期进步的可能性，但同时也引发了人们的担忧，人类社会是否已经准备好适应或受益于先进科学技术即将带来的变化？

1962 年 7 月 10 日发射的通信卫星“电星”也不例外，在发射之初就引起了人们极大的兴趣，但之后的几个月，轨道和电子问题削弱了卫星能力。“电星”的名字由英文 telecommunications（电信）和 star（明星）合成而来。不同于以往由美国国家航空航天局和美国国防机构资助的航天项目，“电星”是当时世界上最大的公司——美国电话电报公司的发明。1962 年的整个夏天和秋天，这颗直径不到 3 英尺的小巧飞行器在美国和欧洲的政府和公共领域产生了巨大反响。作为全新航天时代的通信工具，“电星”极大增强了几大洲之间的联系，为人类通信与沟通提供了全新的可能性。然而，“电星”也引发了人们的担忧，在冷战时期核毁灭的威胁下，世界变得更小、更脆弱，并且相互依赖，在这样的背景下，信息流动的增加，尤其是通过电视的信息流动，对于世界来说到底是好是坏？人们从未如此深入地考虑过通信为

美国国家航空航天博物馆展出的是“电星”1 号和 2 号（于 1963 年 5 月 7 日发射）的备用航天器。展品被送到美国国家航空航天博物馆时使用的是原装集装箱，该集装箱经过专门设计，用于将航天器从贝尔电话实验室运送到卡纳维拉尔角以及在发射地点进行卫星测试。但由于“电星”1 号和 2 号都成功进入轨道，这颗备用卫星也就没有能够进入太空（来源：美国国家航空航天博物馆）

“电星”（Telstar）　第二章

1962 年夏天，“电星”与“水星计划”和苏联载人航天计划引起了公众关注。这张明信片将美国的这两个大事件联系在一起，表明公众对太空成就的广泛兴趣。1962 年，“太空热”席卷了邮票业；11 月，两万名收藏爱好者齐聚纽约市第十四届全国邮票展，希望能够看到“友谊”7 号邮票和全尺寸的“电星”模型邮票（来源：史密森尼国家邮政博物馆）

我们带来的益处和危害。

在风头正盛的几个月里，“电星”与一些重大事件一起，成为了人们茶余饭后的话题，包括：美国和苏联的载人航天飞行任务、一系列核武器试验、全球经济问题，以及美国流行文化在国内外产生的影响，尤其是电视上呈现出的内容。梳理这些历史线索时会发现，“电星”实际上是一种技术、政治和文化事件，开创了我们如今已经习以为常的全球化信息世界。

“电星”发射后会在一个椭圆轨道上飞行，以实现北美和西欧之间的通信。作为一颗有源卫星，“电星”独特的技术特征是能够从地面站接收无线电信号，然后立即将其中继到数百或数千英里之外的另一个地面站。这种能力在1960年发射的“信使”通信卫星上已经基本实现，但“电星”的能力更强大，拥有充足的功率和无线电信号带宽，不仅可以跨越大西洋传输电话和传真，还可以传输高速数据，比如电视节目。“电星”项目的另一个关键目标是验证传输电视节目的可能性，但首要目标是通信。

“电星”由几个关键系统组成。主要的通信设备是赤道天线（环绕卫星的双波段凹槽）和行波管。天线接收来自地面站的信号，将其发送到行波管，行波管将信号放大100亿倍，然后再将信号传回天线，重新传输到地面。顶部的天线接收操作指令并发送关于卫星操作状态的信息（遥测）。太阳能电池与镍镉电池共同为卫星提供能量（来源：美国电话电报公司档案与历史中心）

“电星”是一颗实验性卫星，当时已经发射了一些实验卫星，还有一些正在计划中。科学家们不可能了解太空环境的所有方面，也不知道在太空与地面之间来回传输无线电波的最佳方法。他们需要完善能够在太空恶劣条件下运行的卫星设备，以及用于地面跟踪和控制的方法。一篇新闻报道指出：“在太空中精确定位一个直径34英寸[1]、速度超过3000英里，比子弹还要快的物体是一项艰巨的任务”。子弹的速度要远远低于卫星：“电星”的时速超过16000英里。重要的是，1958年，“探险者”1号和“探险者”3号发现了携带高能粒子的范艾伦辐射带，这对卫星（以及未来的人类航天任务）来说是一个潜在危险。“电星”也测试了这方面的担忧，根据其轨道设计，“电星”会定期经过范艾伦带。

当然，“电星”不只是一艘普通飞船，它是大规模系统工程的成果，也是美国和欧洲专家团队协作的成果。除卫星本身之外，该系统还包括大规模复杂的地面站：位于法国的普鲁默－博杜地面站（美国电话电报公司提供帮助），位于英格兰丘陵地带的贡希利地面站，以及位于缅因州安

① 1英寸=2.54厘米。

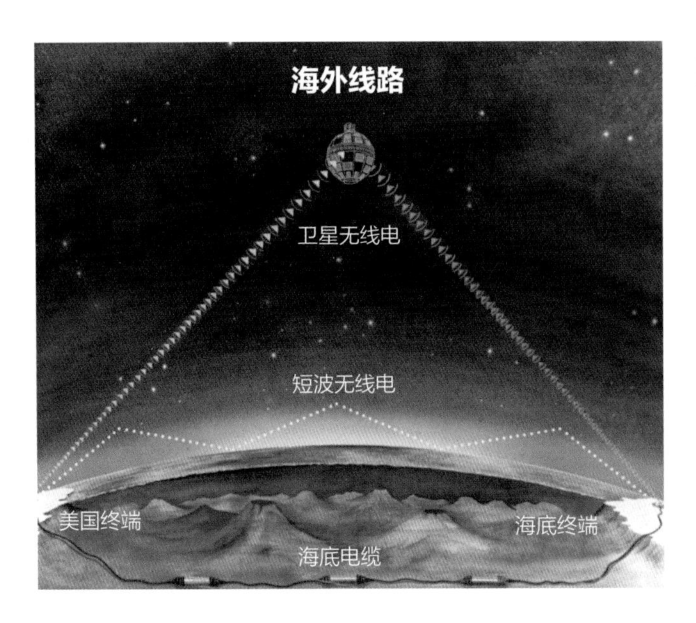

多弗由美国电话电报公司建设的主地面站。当“电星”绕地球运行时，所有地面站协同工作，保障跨大西洋的卫星通信，在两个大洲之间形成一个明显扩宽的通信管道。1956 年，美国电话电报公司开通了一条新的连接美国、加拿大和英国的海底电缆，用于电话和数据传输，但该技术仍然无法满足日益增长的国际通信需求。几年后，“电星”应运而生。“电星”是一项崭新的重大改进，可提供600个电话频道（电缆只能提供30个）以及全新的电视传输能力。

“电星”与同时期其他项目的关键不同之处在于，它的资金主要来自一家私营企业——美国电话电报公司。美国电话电报公司地位比较特殊，该公司的垄断经营甚至得到了美国政府的批准。美国电话电报公司在其宣传材料中提到，“电星”是“对美国自由企业制度的致敬，公司花费数百万美元投资，探索太空中的新型电话通信方法，为美国和世界带来更好的通信”。

尽管“电星”只是一颗实验卫星，但美国电话电报公司的投资面向的是未来，即“创建一个全球商业卫星系统，能够实时传输海外电视节目，例如奥运会直播、莫斯科大剧院芭蕾舞表演、盛大的国王加冕典礼，以及跨大洋商业和私人电话的通信”。即使拥有充足资源，美国电话电报公司也无法独自完成最初的“电星”项目。英国和法国政府作为合作伙伴提供了关键资源，美国国家航空航天局提供了发射服务。这种合作堪称私营部门与公共部门协作的典范。

在冷战背景下，这种合作虽然是一种互惠互利，但也是造成紧张的根源。作为一家美国私营企业的产物，“电星”代表着私营企业在美国的地位，这与苏联的共产主义形成鲜明对比。对于冷战时期的两个主要国家而言，卫星通信作为一种技术和信号的重要性显而易见，这一点肯尼迪总统在 1961 年 5 月著名的“月球”演讲中也提到，他呼吁“加快将卫星用于全球通信”，

左：直到“电星”成功之前，地球曲率一直是长距离通信的最大障碍之一。通过一系列密集的地面塔台，短波无线电可以从地球电离层反射，或者海底电缆可以从某种程度上缓解这一挑战，但这两种方法既麻烦又不可靠，而且通信效果较差。“电星”绕开了曲率问题，提供更易获得且强大的通信能力（来源：美国电话电报公司档案与历史中心）

右：安多弗地面站除了有巨大的喇叭形天线外，还有一个控制室。工程师通过该控制室操作天线，与太空通信，跟踪卫星并监控其操作。图中是贝尔实验室的技术团队在 1962 年 7 月 10 日“电星”发射后的几小时跟踪卫星的情况（来源：美国电话电报公司档案与历史中心）

“电星”背后的技术

巨大的喇叭天线是该项目的诸多技术奇迹之一，位于缅因州安多弗，用于卫星跟踪和通信。拆除后，经过测量，该天线长177英尺，重380吨。尽管天线体积庞大，但可以1/20度的精度跟踪快速移动的34.5英寸卫星。整个天线表面覆盖涤纶和合成橡胶结构（称为天线罩），用于防止风、结冰和温度变化（来源：美国电话电报公司档案和历史中心）

“电星”在1962年7月高调亮相，立刻引起了公众注意。实际上，支撑着“电星”成功的技术在第二次世界大战后研发，1947年贝尔电话实验室发明的晶体管是关键所在。晶体管尺寸小巧，耐用性强，可以用于开发更加紧凑和复杂的电子系统，比如直径为34.5英寸的“电星”。

卫星依赖于微波的使用（微波比商业无线电广播中使用的波长短，因此频率更高）。美国电话电报公司一直对微波比较感兴趣，因为微波可以直线传输，并携带更多信息。作为对其电话网络的补充，美国电话电报公司建设了遍布美国各地的微波地面发射塔和发射机系统。在“电星”出现之前，美国电话电报公司与美国国家航空航天局合作了“回声”计划，该计划将大型反光气球放置在地球轨道，以测试微波在大气和太空的行为，以及开发用于太空通信的地面基础设施。首颗“回声”卫星于1960年8月发射，比“电星”早了约两年，为美国电话电报公司积累了宝贵经验。

“回声”计划的经验有助于解释“电星”项目中非常有趣的一个方面——美国电话电报公司在缅因州安多弗建造的一个用于跟踪卫星和实现地面与太空通信的巨型喇叭天线。经过研究，美国电话电报公司认为，喇叭型天线是收集微波窄波束的最佳设计。但是由于“电星”发出的通信信号非常微弱，喇叭天线的体积巨大：长177英尺，重380吨。不仅如此，为了捕捉微波信号，喇叭的开口必须高度精确地对准卫星，因此，喇叭基地的设计必须能够进行非常精准的控制。喇叭天线堪称一个技术奇迹，后来法国普鲁默-博杜地面站也建造了一个一模一样的喇叭天线。

“电星”是第一颗真正的有源卫星，可以接收来自地面的信号并将其放

并以此作为美国对苏联挑战的回应。这种地缘政治观点在1962年8月加剧。在“电星”获得多个“首次”称号后，苏联宣布“计划发射两颗通信卫星，并以此作为全球宣传计划”（《华盛顿邮报》相关报道的标题是《赤色分子计划超越“电星”》）。

由于美国和苏联都试图说服世界各地的人民认同各自的政治价值观，因此谁能控制这一强大的国际通信工具就成为了关键问题。这种能力是否应该由私营部门掌握，还是应该被视为政府制定政策的工具？“电星”在不经意间令人产生许多疑问，对美国电话电报公司在美国特殊地位的审视也随之增

大，然后立即中继。这种能力为电话或电视的现场通信设定了技术模式，这正是技术人员、广播公司和美国公众所期待的。关键部件是放大器，这是一种行波管，可以接收从数千英里外传输的弱信号，然后将信号放大（“电星”可以将信号放大 100 亿倍），放大后的信号可以被地面接收并以可使用的强度中继。

“电星”作为上述技术和其他技术创新结合的产物，在 1962 年夏天成为了一种文化现象，并在随后的几年里对卫星通信产生了深远影响。

加。《展望》杂志通过一篇长达 14 页的文章介绍了该公司：“没有美国电话电报公司，美国人民就无法打电话给医生，观看全国性的电视节目，或对抗核战争……公司所有权是什么样的？谁在运营公司？它是如何发射世界首颗私有卫星‘电星’的？”这些提问凸显了将卫星通信的责任交给企业或政府的风险。

但在 1962 年，政策制定者们以迥异于今天的视角看待私营和公共活动之间的界限。商业航空旅行、广播和电视等经济领域，以及经过联邦政府批准的美国电话电报公司的垄断电话服务都受到严格监管。这种监管反

未来的概念

——通信卫星与阿瑟·克拉克

阿瑟·克拉克最为人所知的是与导演斯坦利·库布里克在经典影片《2001太空漫游》中的合作。在他漫长的职业生涯中，写了近100本书，主要关于科学预测、科学事实和对未来的预测。作为早期提出通信卫星的人，他对通信卫星的发展和未来前景始终保持着浓厚兴趣

1953年，莱斯利·珀斯·哈特利在他的小说《幽情密使》的开篇中写下了一句令人难忘的话："过去就像是另一个国家，那里的行事方式和我们已经不一样"。然而，就在哈特利写下这些话的时候，未来，至少从科学和技术的角度来看，已经成为并将继续作为一个熟悉的存在。对未来的想象，在过去几十年非常容易预见，但是第二次世界大战后，这种想象呈现出一种新质量，伴随而来的是更广泛的文化购买力，这得益于冷战推动的科技创新，以及人们对文学作品、电影和流行杂志中科学和科幻主题兴趣的提升。无论是否详细描述核战争的恐怖和航天飞行的惠益，人们对探索和了解近期和远期未来改变的可信度都已经明显增加。

杰出科学前沿作家、科学技术普及者（尤其是与外层空间有关的科学技术）阿瑟·克拉克在这种充满活力的未来思潮中如鱼得水。作为一个未来主义者，他把当下的线索编织成可能发生的故事。"电星"出现时，克拉克已经声名远扬，因为他早在1945年就发表了一篇探讨如何利用太空卫星实现洲际通信的短文。随着"电星"以及其他已经计划发射通信卫星的成功，克拉克在1964年9月为《生活》杂志撰写的一篇文章中试图勾勒出这些发展的意义。

克拉克以及其他同时代的同行认为，卫星通信取得的初步成功预示着未来将出现"高质量全球电话服务，地球上任意两个地方的两个人可以随时与对方通话，无论白天还是夜晚。此外，全球电视也将迅速发展，全球人民可以实时见证地球上任何一个地方发生的重大事件"。但具有丰富预测经验的克拉克警告称："新技术突破最重要的结果恰恰是那些不明显的结果"。事实上，1945年克拉克曾设想，通信卫星将由人工操作，而不是由第二次世界大战后随电子技术巨大进步而产生的机器遥控。

因此，克拉克试图梳理出一些"不明显"的结果。回想起来，他对技术

映出在特定领域，政府利益高于私人利益，这种观点左右着对卫星通信未来的政策讨论。1962年夏天，"电星"展示了在电视广播和其他通信领域的非凡能力，国会就这个问题展开了辩论，最终批准了一个类似于"所罗门审判"的方案。美国电话电报公司不得独自享有卫星系统的所有权，但是可以作为"通信卫星公司"的联合所有人。通信卫星公司是一个政府特许的全新私营企业，也是美国在国际合作组织、国际通信卫星组织的

和社会变革的设想与近期的历史存在惊人的相似之处。他的基本前提是，通信技术消除了距离在人类互动中的重要性，这在今天已经是司空见惯，但实现结果却有些不同。克拉克推测，当地球表面的任意两点可以在一秒内连接起来时，人类事务就会稳定地分散，旅行（除了出于娱乐目的）就会大大减少。例如，商人可以住在他们想住的地方……但仍然可以经营位于巴厘岛或塔希提岛的大型法律事务所或广告公司。这种权力下放对人类基本的社会发明——城市——的影响可能是“灾难性”的，但也可能符合新的现实，因为城市已经超出了它的用途……任何见识过第五大道交通堵塞或哈莱姆贫民窟的人都会同意这一点。毕竟，既然“可以实现精神上的交流，还有必要见面吗？”他认为，这种可能性最终将摧毁对城市的主要需求，使人类得以回归一种更自然的生活方式，这种观点是20世纪60年代和70年代兴起的环保运动的雏形。

当考虑到全球交流造成的“语言问题”时，他的想法与我们现在的经历更加接近。全球有成千上万种语言，那么我们怎么相互理解呢？他认为通信卫星是解除语言障碍的一种手段，首先，通过看到同样的图像，以及在国际事务中逐渐传播一种占主导地位的语言，能够创造出一种共同的体验。“这并不意味着我们各自的语言将消失……而是使一种国际语言普遍应用……几乎可以肯定这种语言是英语，考虑到英语所涉及的文化、社会和政治影响”。

克拉克的深思在很大程度上就是通信卫星最后的结果，但他试图了解这些卫星在世界大背景下的宏观模式改变。20世纪60年代，在联合国等国际机构的努力下，同时也是冷战地缘政治的结果，世界大环境已经在朝着加强贸易和文化交流的全球联系迈进。在更大的背景下，克拉克是对的：通信卫星在创造我们今天所知的全球世界方面发挥了关键作用。

代表。许多国家都加入了国际通信卫星组织，该组织是此后20年通信卫星发展的主要源泉。1969年，羽翼未丰的国际通信卫星组织凭借仅有的、由三颗卫星组成的小型星座，为全世界数亿观众直播了“阿波罗”登月计划。

华盛顿的政策之争虽然冗长且枯燥，但辩论反映了一个新的现实：电视已经成为美国文化的一个重要组成部分。1950年，美国正在使用的电视大约有 600 万台；1960 年以后，这个数字已经远远超过 6000 万。电视是一种独特的强大媒介，可以直接将图像传输到千家万户。有人说它可以强化意识和批判性思维，有人则认为恰恰是电视通过能够使人忘却现实的娱乐活动破坏了这些公共美德。1961 年，美国联邦通信委员会主席牛顿·米诺倾向于第二种观点，他有一句名言："电视节目是一片无尽的荒原"。"电星"为人们对电视毁誉参半的看法增加了一个新维度，将电视的影响范围从主要的国内市场扩展到国际市场，并将世界各地的事件"实时转播"，使其成为人们日常生活的一部分。

马歇尔·麦克卢汉创造了"地球村"的说法，用来描述人类事务中正在发生的变化。当"电星"刚刚开始直播电视节目时，著名电视节目主持人沃尔特·克朗凯特称："这颗卫星以光速的传播使白宫和克里姆林宫之间的距离消失了"。这种观点在一定程度上凸显了 1962 年这颗卫星对美国人想象力产生的广泛影响。美国和苏联的远程导弹刚刚开始服役，都可以将对方在 30 分钟内夷为平地。乐观主义者认为，卫星通信及其即时连接的前景就像是一剂解毒剂，能够促进跨文化理解、消除误解。公认的通信卫星思想之父阿瑟·克拉克认为，卫星"预示着世界作为一个文化实体的迅速统一，但不知道这样是好是坏"。有人认为这是一件坏事，因为这只会加速电视节目的最小共同利益，而对解决时代的紧迫问题则毫无帮助。

但冷战背景产生了直接影响。7 月 9 日，在"电星"发射的前一天，美国开展了"海星"一号核武器试验，在距地球 250 英里的高空发射并引爆一枚 140 万吨的核弹。在距离北太平洋发射场 900 英里的夏威夷，天空中弥漫着炫目的橙红色光芒，岛上的微波通信中断。爆炸立即增加了范艾伦带的辐射强度，对"电星"的电子设备构成了更大威胁，最终导致这颗卫星在 1963 年初报废。由于此次核试验与"电星"在太空中的位置非常接近，人们不可避免地将这两次事件进行比较。《波士顿环球报》的一位专栏作家将这两次事件称为"恐怖主义与电星的对决"，并指出："在这样一个爱丽丝梦游仙境般疯狂的国际核时代，这种巧合太常见了……现代科学在太平洋上空试验太空通信干扰战术……然而世界的另一边则设法利用太空通信使各国人民和政府在和平中开展更大的合作！"

无论在发射之前还是之后，"电星"一直处于一个令人困惑的背景中，一方面以各种方式传递着一种令人振奋的情绪，一种乌托邦式的未来前景，以及能够改变世界的进步；另一方面，也加剧了冷战的紧张局势，强调了电视作为一种文化现象的现实。在"电星"发射前的几个月里，媒体已经对其进行了广泛报道，《国家地理》上一篇标题为"给星星打电话"的文章强调，"电星"及其继任者将成为能够供"数百万人实际使用"（指电话）的首个太空飞行体，并作为电视和其他通信的"高速公路"。引起这些猜测与非议的一个原因是"电星"的一个技术特征，即在飞越大西洋的超过两个半小时的

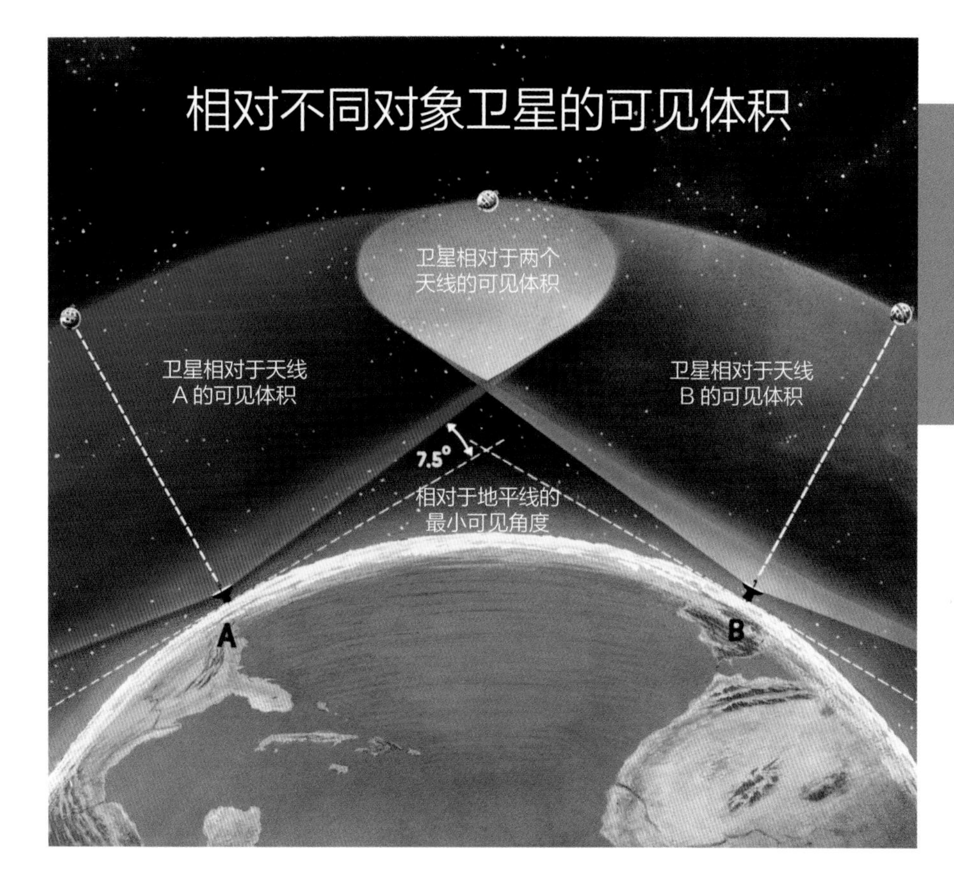

"电星"以椭圆轨道飞行，最高点距地球3700英里，最低点距地球600英里。一个重要发现是卫星周期性，并且只在很短的时间内（20～30分钟）能够在美国地面站和英国、法国地面站之间传输通信（来源：美国电话电报公司档案与历史中心）

轨道上，只有20～30分钟可用于通信。这说明"电星"当前的能力非常有限，但未来可期。由于电视节目只能直播一段时间，人们对这种新能力的影响力产生了疑问。

7月10日凌晨，"电星"发射后不久，工程师们就开始对其进行测试。包括副总统林登·约翰逊在内的一批政要人士预计任务将取得成功，于是聚集在华盛顿特区，准备庆祝第一次通过卫星进行的电话和电视转播。美国电视网报道了这一事件。最初的预期是，这一历史性传输将在缅因州安多弗和华盛顿特区之间进行，毕竟这是一个美国本土场景。第一次电视直播是美国国旗飘扬在安多弗地面站的镜头，背景音乐是美国国歌《星条旗永不落》。然后直播的是美国电话电报公司行政人员的对话，这些对话之后被传输到了法国普鲁默－博杜地面站，从而开创了跨大西洋电视直播的先河。

7月12日（美国仍然是7月11日），法国进行了一次测试。但他们没有播放乏味的全景照片或政要之间的讨论，而是播放了歌手伊夫·蒙当的唱片和巴黎名胜的照片。当天晚些时候，英国也终于参与了这一有趣的活动，现场直播了贡希利工程师和技术人员的工作画面。这两次直播都持续了几分钟，也都是由美国的网络传输到美国家庭。从全国推广的角度来看，法国的选择似乎更精明。几周后，美国开展的一项名人知名度调查显示，蒙当在

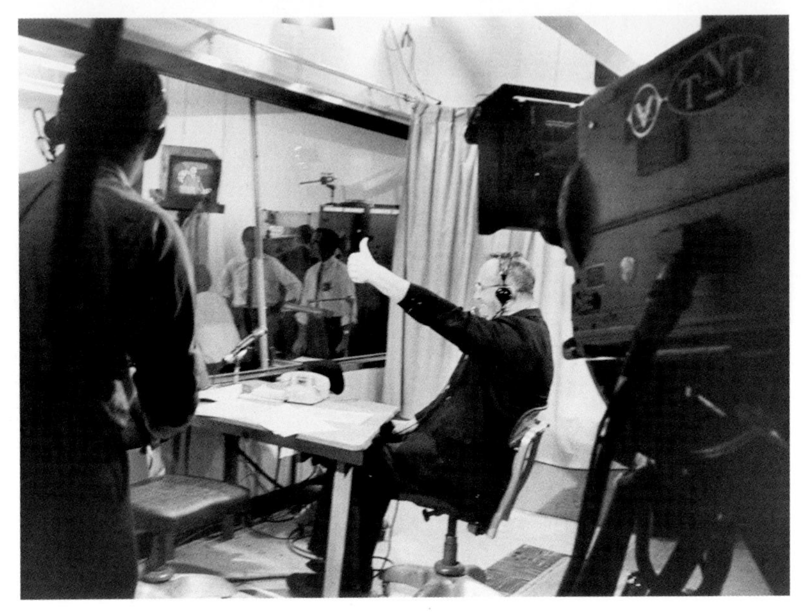

左上：首次测试“电星”电话传输能力是让美国副总统林登·约翰逊和美国电话电报公司董事长弗雷德里克·卡佩尔进行通话，这也表明这颗卫星在与苏联的冷战竞争中具有重大的政治和公共关系意义。卡佩尔的声音从安多弗地面站传到“电星”，“电星”再将信号中继回安多弗，然后通过固定电话传输给位于华盛顿特区的副总统（来源：美国电话电报公司档案与历史中心）

右上：虽然“电星”在电话传输方面能力非常强大，但它最显著的进步在于电视节目的传输。在进入轨道后不久，“电星”就完成了太空与地面之间首个电视画面传输。传输的是美国国旗在安多弗地面站天线罩前飘扬的画面，背景音乐是美国国歌。这个信号仅仅从安多弗天线传到卫星，然后又回到地面。不久之后，从安多弗传出的另一个电视信号到达了法国普鲁默－博杜地面站（来源：美国电话电报公司档案与历史中心）

下：在7月10日发射后，“电星”进行了几次轨道校准并且测试了安多弗地面站和卫星之间的通信。最初的传输只在“电星”和安多弗之间进行，但之后美国电话电报公司主席弗雷德里克·卡佩尔录制的一段电视讲话（可以从背景的监视器上看到）成功传输到了法国地面站。“电星”项目总监尤金·奥尼尔因传输成功而竖起了大拇指（来源：美国电话电报公司档案与历史中心）

美国的知名度升至第三位，在影星珍妮特·利和金·诺瓦克之后，在伊丽莎白·泰勒和理查德·伯顿之前。据某杂志报道，一位纽约的女性惊呼道：“难以想象！我太激动了！伊夫的巴黎现场直播！”这表明电视既能够播放录播节目，也可以现场直播。哥伦比亚广播公司在提到对贡希利节目的报道时称：“节目有八分钟长……没有明星，没有剧本……在英国夏令时凌晨3点22分播出……但却是有史以来最重要的电视节目之一”，而且是通过网络传输给美国的观众。“电星”的时代风真的到来了。关于它的电视和报纸报道也铺天盖地地涌来。

这两次直播只是预演，美国和欧洲的电视网络转变了之前的机会主义心态，计划在7月23日举行一场跨大西洋的盛会。来自大西洋两岸16个国家（包括共产主义国家南斯拉夫）的数亿观众观看了这场电视节目。节目一开始是埃菲尔铁塔和自由女神像的分屏画面，然后播放到美国部分时，人们激动地喊着“加油！美国加油！”这次直播将严肃话题（肯尼迪在新闻发布会上谈到货币政策以及苏联和美国核试验的危险）与旅游纪录片（美国的标志性建筑，比如拉什莫尔山）结合，伴随着歌手高歌《共和国战歌》。

这种形式的电视节目被称为“广博世界”，试图将遥远、异域、或者陌生的事物带入美国和欧洲的家庭，让普通观众了解。几小时后，当卫星运行到之后的轨道上时，欧洲部分的节目也大同小异：“电星”完成了一项被广泛报道的历史性成就，这是西方在与苏联太空和通信竞赛中取得的显著胜利。

7月的一系列直播，从7月10日到23日，概括了动荡不安的1962年发生的事，也暗示着跨大陆电视直播在冷战和日常生活中可能发挥的作用。在此背景下，一些政治领袖蠢蠢欲动，赋予了“电星”特殊的意义。考虑到卫星电视广阔的地理覆盖范围，是否应该突出政治方面的高尚新闻报道？是否应该强调对国家理想化概念的投射，无论是美国、法国、英国还是其他国家？或者是否应该反映出电视在传播大众娱乐（有人将其称为“荒原”）方面的卓越作用？这些问题引出了一个关键问题：这些问题的决定权在谁？

在接下来的几个月里，随着“电星”进行更多的直播，各种视角和观点之间也在不断相互碰撞。教皇告诉聚集在罗马的朝圣者，“电星”加强了各国人民之间的兄弟情谊，标志着和平进步的新阶段。1962年秋季，美国副总统约翰逊访问教皇时，向教皇赠送了一个卫星模型。一些人则为“电星”有限的播出时间应该用于新闻还是《荒野大镖客》《独行侠》和《瑜伽熊》等流行娱乐节目而争论。这种争论很容易被上纲上线。政治哲学家艾茵·兰德认为，“电星”是一种极权主义压制言论自由的途径，他问道：“我们能否在这个全球媒体上获得同样的时间？如果不能，怎么样才能让别人听到我们的诉求？”

然而，大多数人仍然持乐观态度。历史学家阿诺德·汤因比为《纽约时报》撰写了一篇题为“‘电星’发给人类的信息”的长文。他提出，卫星所代表的技术进步固然重要，但与卫星在核毁灭威胁面前带给人类生存的新希望相比，技术的进步都黯然失色。他的理由是，电视的力量在于它“已经非常接近于物理上的面对面”，这种交流过程一旦开始，就会给人一种“作为同一个集体成长”的希望，从而消除了可能导致战争的分歧。但要实现如此崇高的目标需要一种特殊的节目：“电视节目必须是纪录片……必须向人类的所有组成部分展示其他人的生活方式”。汤因比担心娱乐电视节目的主导地位在“电星”国际通信时代可能会“滋生（国家间的）相互蔑视，而不是我们迫切需要的相互尊重、友爱和信任”。

就在汤因比文章发表的前几天，“电星”稀有的时间被用于向法国转播了一个有关玛丽莲·梦露之死的节目。该节目时长共20分钟，展示了“梦露小姐幽静的家，她香消玉殒的卧室，以及卧室外部的景色”。这种节目与汤因比所说的理念背道而驰。一位时代文化观察家认为，“电星”可能开创了“蜉蝣时代”——一种瞬息变幻的感觉，让身处巴黎、皮奥瑞亚、比勒陀利亚和秘鲁的人可以同时收看相同的节目。几年后，艺术家安迪·沃霍尔将这种节目缩短到15分钟，使之成为了一种潮流。巴黎的时装设计师们痴

1962年7月11日，“电星”运转第二天，法国第一次成功将欧洲的电视节目传输到美国，数以百万计的美国人通过家里的电视机收看了这个节目。节目是预先录制的，包括著名的法国歌手伊夫·蒙当的音乐表演（来源：美国电话电报公司档案与历史中心）

美国人理所当然地为“电星”及其成就感到自豪，法国人也一样。“电星”系统的一个关键组成部分是法国西部的普鲁默－博杜地面站，该地面站是“电星”与整个欧洲进行通信的关键设施。为了纪念法国的贡献，法国政府发行了这枚邮票，突出了他们在第一次跨大西洋电视转播中发挥的作用。此外还发行了一枚描绘普鲁默－博杜站的邮票（来源：史密森尼国家邮政博物馆）

1962 年 7 月 23 日，美国和欧洲的官员利用“电星”组织了一场跨大西洋的公共电视盛会。首先播放来自美国的节目，其中包括一场大联盟棒球赛，以及肯尼迪总统在白宫举行新闻发布会的部分内容，全部内容共播放了 20 分钟。图片为伦敦人在酒吧里观看美国总统直播（电视屏幕上模糊可见）

迷于“电星”的象征意义（“电视明显”），通过卫星与美国人分享了即将到来的秋季时装设计草稿，打破了长期以来在走秀之前不透露设计的传统。在迪奥之家，观众们看到一位设计师“正在排列一系列新设计的剪裁轮廓——箭头造型”，迪奥工作人员称，“出于科学的考虑”才允许播放这些幕后造型。

虽然电视是人们对于“电星”探讨和争辩最多的话题，但实际上“电星”还进行了大量的电话技术、传真和高速数据传输测试。截至 10 月底，“电星”已经进行了 650 多次各种各样的测试和演示。其中包括一场涉及 23 个美国城市和 23 个欧洲城市的地方官员的电话会议、美国和英国的主时钟同步、订购从美国明尼阿波利斯运到巴黎的鲜花等。

在“电星”展示了跨大西洋电视通信的能力时，人们开始争论应该如何使用这种新能力。应该把重点放在教育和新闻节目上，还是追随流行娱乐节目的潮流？图片中是一个英国电视节目片段，通过“电星”从贡希利地面站传输到美国，该节目凸显了对于如何利用卫星有限直播时间的激烈争论，最重要的问题是，这一点应该由谁决定

各大报纸和杂志报道了关于“电星”的一切，无论是宏大、严肃的事件，还是平凡、微小的活动，“电星”因此成为了最受关注的话题。“电星”的卫星模型在美国各地的博物馆、学校和当地社区团体展出。在 20 世纪 60 年代早期充满活力的消费文化中，这种痴迷催生了以卫星为主题的小饰品的繁荣：打火机、恒温器、领带夹、邮票等。8 月时，英国摇滚乐队“龙卷风”发布了名为“电星”的专辑，电子风的曲调让人更加深切地体会到身处的太空时代。这张唱片在美国和欧洲大受欢迎，高居美国流行音乐排行榜榜首，也使“龙卷风”乐队成为第一个获得这一殊荣的英国组合。

“电星”的优点与缺点，电视和冷战时代文化反映出的社会现状，人们对轻浮事物的追求，以及跨大西洋转播的严肃政治活动，所有这些都为我们和他人提供了看世界和被了解的新机会，重新构想遥远的地方和事件与我们周边正在发生的事物之间的联系。美国的非洲裔领导人在民权运动中尖锐地指出，卫星可以用来在国际舞台上分享他们经历过的斗争，并获得新的支持：“全世界都知道我们这里发生了什么。全世界都能看到……”尽管后一句话并不完全正确，并且对于不同的人来说具有不同的意义，但它揭示了 1962 年“电星”问世后带给世界变化的本质，也预示着未来通过卫星和海底光缆实现全球通信并成为寻常之事的前景。

——马丁·柯林斯

“电星”规格说明

制造商： 贝尔电话实验室
直径： 34.5 英寸（87.6 厘米）
重量： 170 磅（77.1 千克）
运载火箭： 德尔塔
轨道倾角： 45°
远地点： 3687 英里（5933 千米）
近地点： 592 英里（952 千米）

KH-4B是美国首个成功的过顶侦察卫星项目中使用的最后一部相机，也是最先进的相机。该项目代号为“科罗娜”，在1959年1月到1972年5月，共发射了145颗带有相机和胶片的卫星。这些设备拍摄了苏联和其他世界各地重要目标的照片，主要目的是获取情报。

“科罗娜”项目的开发进展非常缓慢，来自国防部、中央情报局和独立承包商的开发人员克服了许多技术挑战。在经历了连续12次失败和1次成功的试飞之后，在1960年8月任务中首次返回了有内容的胶片。但这之后又出现了多次失败。尽管如此，人们还是努力解决了各种技术问题。20世纪60年代中期，“科罗娜”项目已经可以平稳运转。先进相机的出现以及其他改进大大增加了照片的数量，提高了照片的质量，也使卫星能够在轨道上停留更长时间。

在此期间，“科罗娜”并不是美国唯一的过顶侦察卫星项目。美国情报机构从1963年开始发射“美国战略照相侦察卫星”，以获取更高分辨率的照片。然而，这些卫星的相机覆盖目标数量有限，“科罗娜”相机是唯一能够拍摄地球大片区域的系统。“科罗娜”的巨大情报价值在于，在危机重重的冷战时期帮助美国稳定了国际关系。

第三章 “科罗娜”（CORONA）KH-4B相机

和其他侦察卫星项目一样，“科罗娜”也是一个机密项目。只有少数政府官员知道它的存在并有权限获得相关照片和信息。随着冷战结束，政府开始考虑是否应该解密过去的侦察卫星项目，让公众了解它们为国家安全所做的巨大贡献。1995年，比尔·克林顿总统下令解密“科罗娜”项目，并向公众公布照片和现存硬件。美国国家航空航天博物馆很快获得了KH-4B相机。该相机在1974年组装，使用的是“科罗娜”项目的剩余零部件。

美国国家航空航天博物馆收藏的KH-4B相机在国家广场大楼展出。这款相机使用项目结束两年后更换下来的零部件制造，是“科罗娜”项目中唯一幸存下来的相机（来源：美国国家航空航天博物馆）

“科罗娜”的起源

美国政府于20世纪50年代，在高度保密的情况下启动了几个项目，主要目的是获取有关苏联军队及时和准确的信息。苏联新研制的洲际弹道导弹可以用核弹头打击美国，这是美国的一个主要心头之患。在冷战时期收集主要对手的情报极其困难。苏联是一个跨越11个时区的大国，政府

中央情报局规划署副署长理查德·比塞尔。比塞尔从1958年开始负责“科罗娜”项目，直到1962年离开该机构（来源：美国国家侦察局）

对几乎所有公众活动都实行严格的管制措施。美国在邻国的地面站，以及在苏联边境作业的美国船只和飞机虽然能够提供重要信息，但非常有限。

白宫科学顾问、中央情报局和军方都提议开发一种高空飞行器，在飞越苏联上空时获取必要的核心情报，直到制造出性能更好、更稳定的卫星。这些人包括贝尔实验室的威廉·贝克博士，兰德公司的默顿·戴维斯和阿姆洛姆·卡茨，斯坦福大学的西德尼·德雷尔博士，麻省理工学院的理查德·加尔文博士和詹姆斯·基利安博士，宝丽来的埃德温·兰德博士，哈佛大学的弗兰克·利罕、威廉·佩里博士和爱德华·珀塞尔博士。他们在20世纪50年代为美国的侦察卫星计划做出了巨大贡献，在此后的许多年里，这种影响仍然存在。

中央情报局研制了U-2侦察机，这就是科学顾问们要的短期解决方案。1956年至1960年，U-2侦察机在苏联上空执行了24次任务，带回了覆盖苏联约15%国土的照片，提供了关于机场、原子能设施、丘拉塔姆火箭发射场以及其他关键设施的重要信息。然而，苏联人民对U-2侦察机明显的挑衅行为感到非常气愤，于是秘密进行了反击。1960年5月，苏联人击落了加里·鲍尔斯和他的U-2侦察机，所有飞越苏联领空的行动就此结束。

在U-2侦察机于1956年投入使用的同时，美国空军启动了WS-117L计划。该计划主要研制科学顾问们所提议的卫星。这种卫星的拍摄系统最具潜力，可以将相机送入轨道，然后利用胶片返回舱将已经曝光的胶片送回地球。为了确保更好安全性和更快实施，德怀特·艾森豪威尔总统在1958年初下令将该拍摄系统从WS-117L计划中分离出来，由中央情报局和空军共同管理。中央情报局规划署副署长理查德·比塞尔负责领导这个代号为“科罗娜”的项目。

项目的主要承包商包括Itek（相机）、伊士曼柯达（胶片）、通用电气（胶片返回舱）和洛克希德导弹与太空公司（“阿金纳”卫星携带相机、胶片和胶片返回舱）。这些公司将他们负责的组件运送到加利福尼亚州森尼维尔的“先进项目”中心。这些组件已经在“阿金纳”卫星上进行了大量测试和安装。随后，卫星被运抵加利福尼亚州范登堡空军基地进行进一步测试，然后准备发射。

改进后的美国空军“雷神”中程弹道导弹，在“阿金纳”上面级运载火箭的主发动机辅助下，将卫星推进近极地低轨轨道，以便相机能够完全覆盖苏联领土。相机只在接收指令后工作，从而避免胶片浪费。曝光后的胶片会被回收在胶片返回舱的卷筒上，然后胶片返回舱与卫星分离，启动一个小型火箭，回到地球。在隔热罩保护下，胶片返回舱在大约6万英尺的高空打开降落伞，在夏威夷西北部回收区的空军飞机会在半空将其截住。如果空中回收失败，胶片落入海中，海军潜水员会将其从海中打捞上来。胶片会在夏威夷被拆卸下来，然后空运到东海岸进行处理，之后被运往华盛顿特

“科罗娜”从加利福尼亚范登堡空军基地发射升空。改装后的美国空军“雷神”中程弹道导弹将携带相机、胶片和其他设备的“阿金纳”卫星送入轨道（来源：美国国家侦察局）

区进行分析。由于在范登堡的发射活动无法向公众隐瞒，人们必然会对此议论纷纷，于是政府将“科罗娜”项目伪装成旨在测试太空环境的“发现者”项目。

1959 年 1 月至 1960 年 6 月，由于各种各样的原因，所有任务都以失败告终。1960 年 8 月 11 日，“发现者”13 号终于到达了轨道，随后海军潜水员从水中找到了它的返回舱。这是有史以来第一个成功回收的绕地球轨道运行后的物体。但此次任务的卫星没有携带相机或胶片，而是携带了诊断设备，用于确定之前一系列故障的原因。

一周后，“发现者”14 号携带相机和胶片，成功完成了首次任务。卫星在 24 小时多一点的时间里绕地球运行了 17 圈之后，发射了胶片返回舱。空军 C-119 运输机拦截了返回舱降落伞并将其回收。卫星仅在苏联上空掠过七次，拍摄到的照片比 U-2 侦察机在苏联上空飞越 24 次拍摄到的照片还要多。但卫星 35 英尺的最高地面分辨率（照片中可以识别的最小物体）远低于 U-2 相机的分辨率。

左：1960年8月，“发现者”13号太空舱在夏威夷西北部被发现后不久，艾森豪威尔总统在白宫检查了该太空舱。这是“科罗娜”项目第一次成功的任务，卫星携带了诊断设备（来源：美国国家公园管理局）

右：这张照片拍摄于1960年8月18日，位置是苏联北部的施密特角机场，是“科罗娜”拍摄的第一张照片（来源：美国国家侦察局）

截至1961年底，在后续的27次发射中，只有9个返回舱带回了可用的照片。尽管“阿金纳”卫星、相机和胶片经常会出现一些问题，但返回的图像具有巨大的情报价值，卫星拍摄到的苏联目标也越来越多。

“科罗娜”的改进

20世纪60年代初时，“科罗娜”吸收了几项重要的技术进步。1961年8月第一次试飞的C三倍焦相机（KH-3）实现了高达20英尺的地面分辨率。“阿金纳”卫星的能力增强后，能够更长时间地执行任务，飞越苏联上空的次数也显著增加。1962年1月，“发现者”38号最后一次使用C三倍焦相机。然后“发现者”的任务就结束了，因为它已经毫无用武之地。相关机构对于后续的“科罗娜”发射只透露了非常有限的信息。

1962年2月，MURAL相机（KH-4）开始投入使用。该相机由两个C三倍焦相机组成，一个放置在前方15°的位置，另一个在后方15°的位置。两架照相机同时操作能够实现立体成像，当照片分析师通过特殊镜头观看时，同一地点或同一物体的两张照片可以呈现出立体效果。这样就可以更容易地确定目标大小，比如目标是否为建筑物或导弹。MURAL系统携带了两倍的胶片量，能够达到10英尺的最高地面分辨率。后来MURAL系统中添加了小型恒星和指引照相机。这些相机可以在主照相机工作的同时拍摄恒星和地球。将这些照片与卫星的轨道数据相结合，可以有效协助照片分析人员确定主相机拍摄的图像是地球的哪一部分。

国防气象卫星计划

“科罗娜”遇到的一个最大挑战是很难在相机准备拍摄时确定目标上空的天气状况。由于胶片数量有限，而且地球表面的大部分区域都是没有意义的目标，所以相机并没有持续工作，只有在空军地面控制人员发出指令时才会工作。然而，与所有光学成像系统一样，“科罗娜”无法透过云层成像。

因此需要及时、准确的天气数据。如果目标被云层覆盖，控制人员可以指示相机不要拍摄。但“科罗娜”任务早期并没有这些信息，因此遇到了巨大问题，任务中拍摄的图像中大约有一半是云层的照片。

负责“科罗娜”和其他侦察卫星运营的美国国家侦察局最初希望依靠美国宇航局的“泰罗斯”气象卫星获取必要数据。但这些卫星也无法提供此类信息。于是美国国家侦察局从 1961 年开始研发一个机密的气象卫星系统，即“国防气象卫星”计划，目标是任何时候都有两颗卫星在极地轨道上运行。利用相机和其他传感器，其中一颗将在当地时间上午七点左右收集欧亚大陆的天气数据，另一颗将在当地时间上午十一点左右收集天气数据。这些卫星会将数据传输到美国境内两个地面站的其中之一，经过处理后，这些气象数据会发送给美国国家侦察局，用于指挥“科罗娜”和过顶照相侦察系统。

虽然该计划早期的许多次发射都失败了，但偶尔进入轨道的卫星发回的数据帮助“科罗娜”和其他过顶照相侦察卫星获得了更多有用的图像。1965 年，美国国家侦察局终于同时将两颗卫星送入轨道，并发射了替换卫星以维持该星座的运营。这大大提高了成像质量。美国空军在 20 世纪 60 年代后期承担了国防气象卫星计划的管理工作，但是该计划为过顶照相侦察卫星提供及时和准确天气数据的主要任务没有改变。

直到 1973 年，国防气象卫星计划一直是一个机密计划。此后，卫星相机和其他传感器获得的所有数据都免费向公众分享。

在发射的 26 个 MURAL 系统中,24 个进入了轨道。自 1962 年 2 月开始，直到最后一次飞行的 1963 年 12 月，共回收了 20 个胶片返回舱。最长的任务持续了五天多，图像质量普遍较高。

之后“科罗娜”使用的相机是 J-1（KH-4A）。该相机终于满足了携带大量胶片的需求，可以减少发射次数，从而降低了成本和风险。J-1 与

MURAL 相似，但它的胶片容量是 MURAL 的两倍，而且还可以携带一个额外的胶片返回舱。在使用了一半胶片后，第一个返回舱会被弹出并回收，然后会装填第二个返回舱并回收。为了延长任务寿命，在第一个返回舱被弹出后，相机会关闭最多 21 天的时间。“雷神”号运载火箭增加了三枚固体推进剂捆绑式火箭，以便能够将更重的载荷送入轨道。

1963 年 9 月至 1969 年 9 月，共发射 52 个 J-1 相机，回收了 104 个返回舱胶片中的 94 个。最长的飞行持续了 16 天。一次任务就可以用立体摄影技术拍摄 1800 万平方英里的地球图像，几乎是项目早期的四倍。这些相机一般能够达到 10 英尺的地面分辨率，有时能达到 7 英尺以上的分辨率。

KH-4B 和“科罗娜”项目的终结

1965 年，“科罗娜”项目官员开始研发一种新的双恒定旋转相机系统，以进一步提高地面分辨率和相机灵活性。新系统被命名为 J-3 或 KH-4B，可以使用多种类型的胶片，运行轨道低至 92 英里。1967 年 9 月，美国空军发射了第一个 KH-4B 相机，随后在年底又发射了 7 个。最长的飞行时间是 11 天，最高的地面分辨率达到了约 5 英尺。

1969 年初，尚有 15 个计划发射的“科罗娜”任务（3 个 KH-4A，12 个 KH-4B）。此时，“科罗娜”的继任项目——“六边形”计划于 1970 年年底开始发射。该项目能够携带更多胶片和四个胶片返回舱，相机分辨率也更高，但“六边形”项目遇到了重大研发难题，在 1970 年年底发射的目标越来越不可能完成。官员们必须决定是否需要采购更多“科罗娜”相机，如果需要，应该采购多少才能保证在“六边形”项目延迟期间覆盖到所有区域。1970 年年初时，他们终于确定，在不迟于 1971 年 6 月发射第一个“六边形”卫星的概率是 95%。因此，所有剩余的“科罗娜”都必须发射，而且不需要采购更多“科罗娜”相机。项目经理还决定在 1971 年 6 月之后至少将两颗“六边形”卫星送入轨道，以防第一次“六边形”任务失败。剩余的“科罗娜”任务都必须在这之前完成，于是，1970 年发射了 4 个 KH-4B 相机，1971 年发射了 3 个，1972 年初发射了最后的 2 个。这些任务几乎都成功了，除了 1971 年 2 月的一次任务，“雷神”号助推器在升空后不久就发生了爆炸。最长飞行时间是 11 天，最大的地面分辨率仍然是 5 英尺。

“科罗娜”的情报价值

1959 年 1 月至 1972 年 5 月，共发射了 145 颗“科罗娜”卫星，回收了 165 个胶片返回舱。系统的分辨率逐步提高，拍摄了超过 10 亿平方英里的地球表面图像。

这些照片对于美国政府和军方决策者来说都具有极高的重要性。针对最

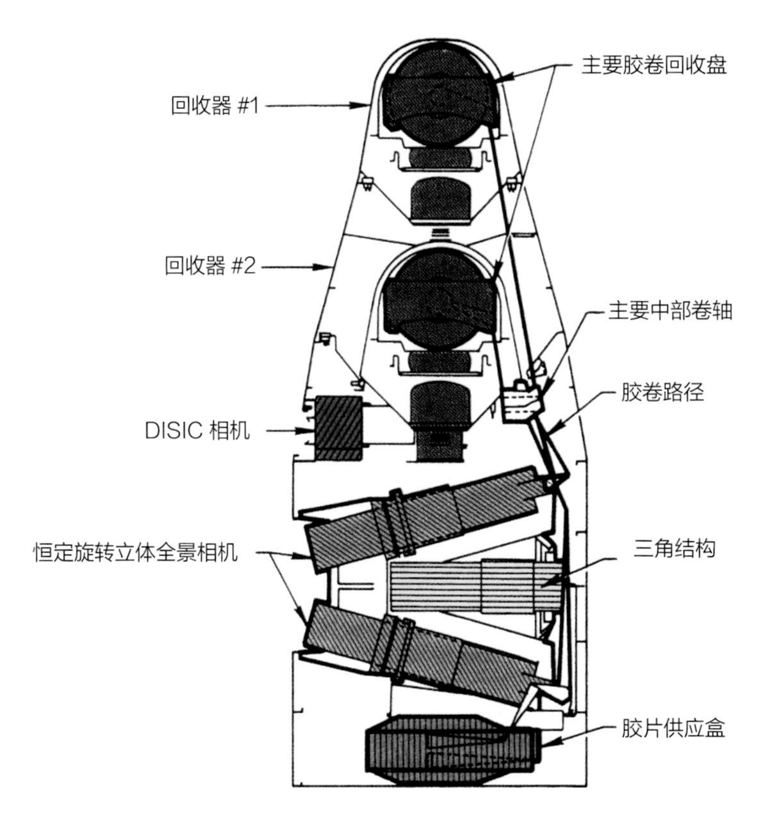

J-3 系统主要组成部分

J-3（KH-4B）是“科罗娜”项目最后使用的相机，也是最先进的相机。与早期的相机相比，它可以探测到侧边长不到 5 英尺的物体，这是一个巨大的进步（来源：美国国家侦察局）

关键的目标——苏联，系统探测并拍摄了所有中程和洲际弹道导弹设施。早期的几次成功任务结束了 20 世纪 50 年代末和 60 年代初关于美苏之间“导弹差距”的辩论。许多有影响力的政府和军事官员曾称，苏联计划部署数千枚洲际弹道导弹，而美国计划部署 10000 枚洲际弹道导弹加以制衡。而从“科罗娜”卫星拍摄的图像来看，苏联的洲际弹道导弹不超过 25 枚，因此，美国仅部署了比原计划少得多的 1000 枚洲际弹道导弹就足以形成威慑。

“科罗娜”一直在监视苏联的导弹力量，到 1964 年年中，卫星拍摄到了 24 个洲际弹道导弹基地中的最后一个。美国情报机构也借助“科罗娜”提供的信息发表了权威官方声明，例如 1968 年《国家情报评估》中称，“过去一年中没有在苏联发现任何新洲际弹道导弹设施”。能够得出这种确切的结论是因为“科罗娜”没有侦察到任何新设施。“科罗娜”系统准确跟踪苏联导弹部署，也为 1968 年的战略武器控制谈判提供了可靠情报。1972 年，谈判以苏联签署首个《战略武器限制条约》和首个《反弹道导弹条约》而告终。

“科罗娜”拍摄了苏联海军用于建造弹道导弹潜艇和水面舰艇的造船厂，使分析人员能够确定当时正在建造的军舰以及它们将何时加入舰队。卫星拍摄的飞机制造厂和机场的照片提供了关于轰炸机和战斗机数量、类型的最新资料。“科罗娜”系统探测和监视了莫斯科周围的反弹道导弹和相关的各种雷达，以及遍布全苏联的大量地空导弹基地。此外，系统拍摄的核设施图像有助于对可能出现的核试验提供预警，并估计关键材料的生产和武器储存地点。关于生物和化学战生产设施和测试场地的照片有助于确定这些计划的状态。“科罗娜”在准确清点苏联地面部队的基地、武器系统和支援设备方面取得了重要进展。

系统还拍到了中国、朝鲜、北越、古巴和华沙条约组织的机场、海军造船厂、海军基地、导弹基地、地面部队等目标。美国最重要的目标之一是确定中国核计划的规模。“科罗娜”拍到的照片能够协助分析人员清点生产设施数量，跟踪用于运载核弹头的武器研制和部署情况，以及跟踪核试验场的活动。

“科罗娜”经常会拍摄到中东动荡的局势。1967 年，“科罗娜”在评估和支持以色列关于在地面摧毁埃及、叙利亚、约旦飞机的提案方面发挥了关键作用。三年后，事实证明，“科罗娜”是唯一有能力评估以色列和埃及关于遵守停火协议要求的情报收集系统。

“科罗娜”还满足了国家安全方面的其他要求，其中最重要的是测绘。尽管“科罗娜”拍摄功能的初衷并不在于此，但它很快成为了一个优秀的制图工具。出于各种原因，美国军方需要精确的测绘和相关产品，比

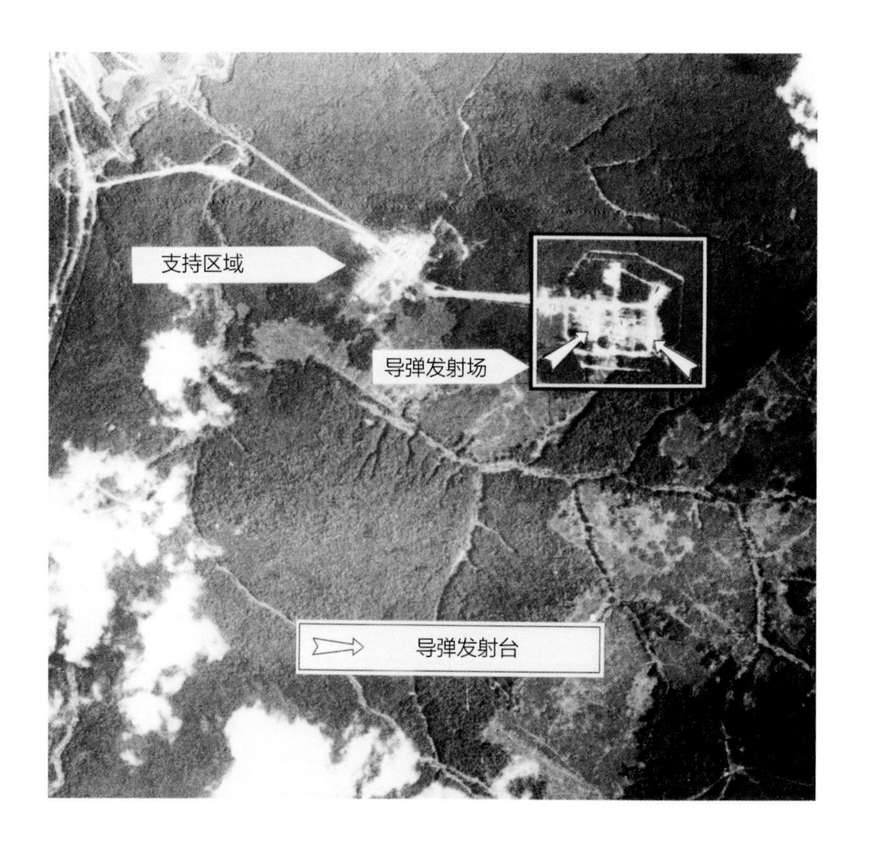

1962 年 6 月 28 日，苏联尤利亚洲际弹道导弹基地的图片。这些武器对美国构成危险，因此这些基地是整个“科罗娜”项目的首要目标（来源：美国国家侦察局）

胶片回收

将曝光的胶片安全返回地球是一个复杂且具有挑战性的过程。在轨道上时，相机使用的胶片会被缠绕在胶片返回舱的一个卷轴上。位于阿拉斯加基地的空军地面控制人员发出指令后，返回舱会在距地球100多英里的高空与卫星分离，启动制动火箭，飞往位于夏威夷西北部的回收区。

胶片返回舱是铝制的，与胶片加起来的重量略超过400磅。返回舱上安装了烧蚀隔热罩，这种隔热罩使用的材料与用于保护载人航天器中宇航员的隔热材料相同，以防止返回舱在返回过程中遭到巨大热量的破坏。返回舱表面还覆盖了一层薄薄的黄金，用于在隔热罩失效时提供额外的保护。自动系统会在大约6万英尺的高空弹出隔热罩并展开大型降落伞。

一架空军C-119运输机拦截胶片返回舱的降落伞。航空回收是从太空回收曝光胶片的最常用方法（来源：美国国家侦察局）

系统还会启动闪光灯和无线电信标，以协助回收部队跟踪和回收返回舱。驻扎在夏威夷的第6594中队受过特殊训练的空军人员主要负责回收工作。飞行员在大约15万英尺的高度操纵飞机，飞机拖着一个长长的吊杆，吊钩钩住降落伞后会将返回舱收回。如果空中回收失败，海军舰艇上的潜水员会在返回舱降落到太平洋沿岸后将其打捞上来。为了防止海军潜水员打捞失败时返回舱被外国船只打捞的情况，返回舱配有一个盐塞，三天后就会将胶片溶解并沉入大海。

“科罗娜”项目在早期阶段遇到了许多困难，其中回收可用的胶片返回舱是最大的问题。直到开始使用能够携带两个返回舱的KH-4A系统时，这种情况才开始显著改善。1963年8月到1969年9月，在16次KH-4A任务中，空军飞机或海军舰艇回收了52个返回舱中的43个。在后来使用KH-4B后，成功率更是惊人，在1967年9月至1972年5月的17次任务中发射的34个太空舱中，除2个外，其余全部成功回收。

照片分析

中央情报局国家照片解读中心主任阿尔特·伦达尔。直到1973年退休前，他一直负责中央情报局对飞机和卫星获取图像的分析工作（来源：美国国家侦察局）

“科罗娜”项目远远早于数码摄影发明之前。胶片首先被冲洗出来，然后由高级情报分析人员使用看片台和其他设备进行检查，以获取情报信息。为其他地面站准备的副本将由通讯员安全运送。

自1956年U-2侦察机开始行动后，中央情报局就准备了专门设施，但从1960年8月开始使用“科罗娜”卫星后，分析人员才开始在这里研究侦察机拍摄到的照片。中央情报局于1961年初成立了国家照片解读中心，来自军方和情报机构的1000多名人员在这里研究各种平台传回的图像。阿尔特·伦达尔是照片分析领域的先驱，在1973年退休之前一直担任该中心的负责人。

一次“科罗娜”任务大约能够拍摄1500平方英里。早期任务可以返回几百张照片，后来的任务因为能够携带更多胶片，所以可以返回1000多张照片。胶片冲洗完成后，工作人员会进行快速筛选，先选出质量最好、情报价值最高的照片进行第一次研究。

分析人员使用的一个关键工具是看片台。分析人员可以通过看片台上的放大镜查看图像。在“科罗娜”生命周期内，地面分辨率从最初的40英尺提高到6英尺。地面分辨率越高，可以探测和识别的物体越多。1962年，通过将两架相机组合，首次实现了立体覆盖，使物体的测量更加容易和准确。

如用于远程导弹的目标定位以及在东南亚和其他战区的行动。在项目开始之初，美国和欧洲以外的世界上大部分地区的地图信息非常少。例如，苏联乌拉尔山脉以东大部分地区的地理位置，只有方圆15～30英里的当地人才了解。这一辽阔地域的有些地理位置根本无法找到。从1965年J-1（KH-4A）开始，负责“科罗娜”的情报官员决定，强制要求对中国和苏联侦察100万平方英里，在中苏之外的区域侦察2300万平方英里，并进行测绘和制图。此后，他们开始在许多飞行任务中将特定比例的胶片用于满足这一要求，并要求开展少数专门的测绘任务。在1972年计划结束之前，“科罗娜”基本上满足了测绘中苏的目标，但在计划之外的地区，“科罗娜”基本上没有实现目标，因为很多地区在大部分时间里都被云层覆盖。

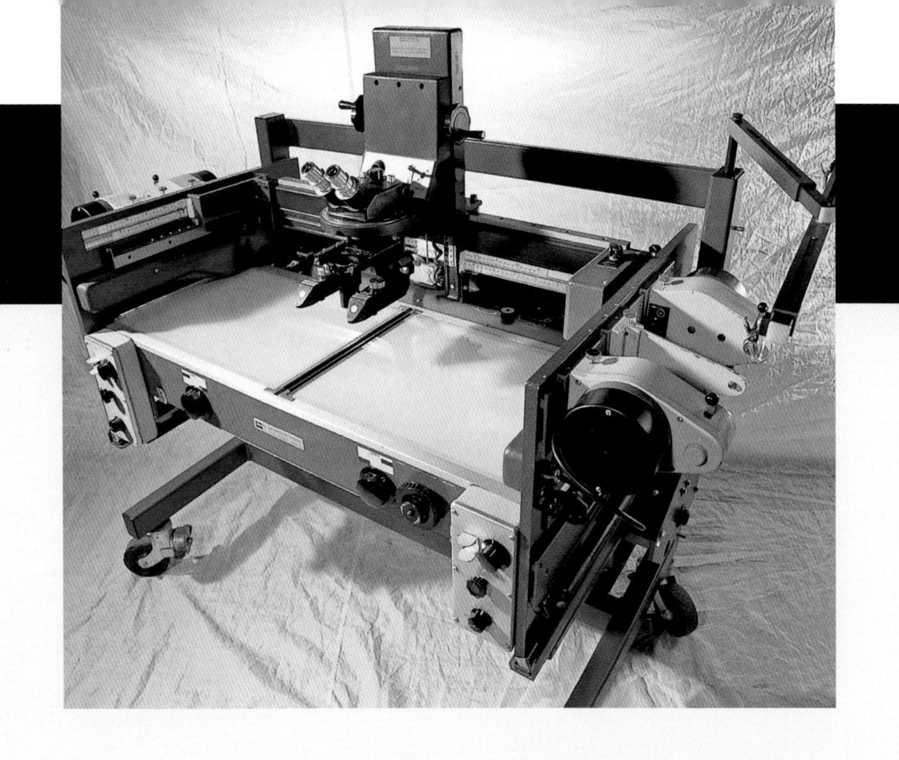

用于分析图像的AIL 1540看片台，1970年开始使用。强大的立体查看功能使分析人员能够多次放大照片中的物体（来源：美国国家航空航天博物馆）

分析人士很快断定，必须确定一些特殊目标。例如，苏联SA-2地空导弹基地以“大卫之星”的分布。苏联出口了大量此类武器，因此在古巴、埃及、北越和叙利亚等国也很容易识别这些武器。洲际弹道导弹设施一直通过铁路运送必要的建筑用品和导弹，通常还会设置多个安全围栏。

国家照片解读中心的工作量惊人。在这里不仅要分析U-2侦察机和“科罗娜”拍摄到的图像，还要分析SR-71飞机和美国战略照相侦察卫星等其他平台的照片。此外，该中心不断研发新设备、技术和程序，并持续为政府和军事决策者提供及时和准确的情报。

“科罗娜”还提供了有关苏联民用航天计划的信息，特别是与“阿波罗”计划竞争的载人登月计划，从而满足了另一项国家安全要求。约翰·肯尼迪总统于1961年宣布，美国将在十年内将人类送上月球并送回地球。白宫、美国国家航空航天局和其他机构的高级官员需要了解苏联是否有类似计划。要想实现这一目标，美国和苏联都必须先制造一个大型火箭，这需要建造一个更大的新发射台。1963年，“科罗娜”和“美国战略照相侦察卫星”首次在巨大的苏联丘拉塔姆发射场拍摄到了处于建设初期的这样一个发射台。美国中央情报局将该设施命名为“J设施”。在随后的任务中，卫星定期拍摄“J设施”，但图像显示施工进展缓慢。

根据这一数据和其他数据，1967年的《国家情报评估》得出结论，苏联最早可以在1969年年中尝试载人登月，但更有可能是在1970年的某个时

左上：1969 年 2 月 10 日，苏联的北德文斯克海军造船厂。破冰船在河面上的轨迹表明船只即将离开（来源：美国国家侦察局）

右上：1966 年 8 月 20 日，苏联多隆机场的照片。分析人士能够识别出飞机中的运输机和轰炸机（来源：美国国家侦察局）

下：1964 年 10 月 20 日，中国罗布泊核试验场。“科罗娜”拍摄的该设施图像帮助美国准确预测了中国第一个核装置的爆炸（来源：美国国家侦察局）

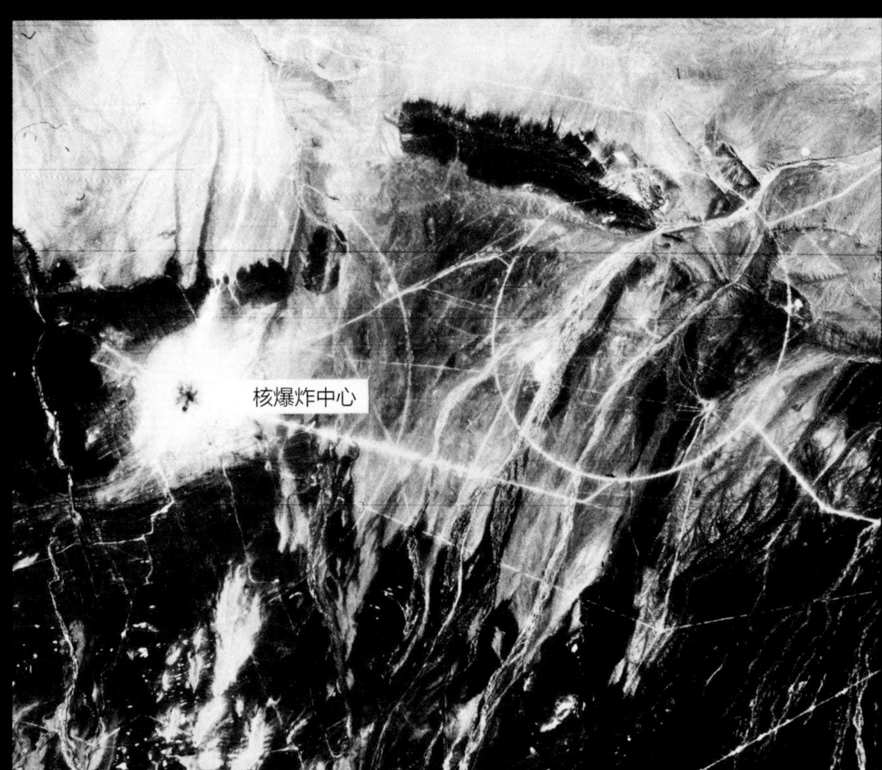

候。在之后一年的侦察中，相机拍到了“J设施”的一个巨大的新型火箭，苏联将其命名为N-1。但由于该火箭尚未进行飞行测试，“J设施”的施工也没有完成，因此情报机构在1968年得出结论：苏联尝试载人登月的最早日期可能是在1970年末或1971年。简而言之，苏联没有一个能打败“阿波罗”的计划。“科罗娜”和“美国战略照相侦察卫星”继续拍摄“J设施”的图像，得到的照片也都印证了这一结论。最终，1969年7月“阿波罗”11号任务成功完成，美国成为第一个将人类送上月球的国家，苏联甚至从未尝试过挑战这一壮举。

此外，“科罗娜”还满足了一个与国家安全无关的重要需求。20世纪60年代中期，美国国家航空航天局试图在航天器上安装复杂的相机，对地球进行遥感，用于农业、地质学、海洋学、城市规划和其他民用学科。然而，情报机构不允许美国国家航空航天局公开使用与机密相机性能相当的相机，也不许公开发布高质量图像。他们为此建立了一个项目，一些来自联邦政府机构的科学家在获得必要的安全许可后，可以使用“科罗娜”和其他航空航天系统拍摄的照片。然而这些照片大多是关于美国的，仅在非常少数的情况下可以获得访问特定外国照片的权限。美国地质调查局是最大的用户，他们使用这些机密资料更新了许多美国地图。紧急规划处、国际开发署、农业部和环境科学服务管理局也从该项目中获益匪浅。

“科罗娜”的初衷是向美国政府和军事决策者提供有关苏联与世界其他国家的及时、准确情报。尽管早期出现了许多问题，但该项目很快成为了一个可靠和有效的系统。先进相机和其他设备的安装大大增加了照片的数量，提高了照片的质量。在一个充满威胁和不确定性的动荡时期，“科罗娜”为国家安全做出了杰出贡献。

——詹姆斯·大卫

KH-4B 规格说明

制造商： Itek 公司
类型： 立体 / 全景恒定旋转相机
镜头： 24 英寸焦距，f/3.5 佩兹伐透镜
胶片容量： 15750 英尺（4801 米），每个相机 70 毫米胶片
地面最高分辨率： 6 英尺（1.83 米）
单帧覆盖： 8.6 海里 ×117 海里（15.9 千米 ×216.7 千米）

Go Baby, Go!
SATURN 5 AFT END

1969年7月16日，承担人类首次登月任务的“阿波罗”11号的成功发射标志着冷战时期美苏两国太空军备竞赛的高潮。美国国家航空航天局、媒体和公众都欢呼着航天时代的到来，但社会不平等、种族冲突以及与越南旷日持久的战争导致美国国内的局势日益紧张，20世纪70年代，由于美国国家航空航天局的预算锐减，该机构很快从全国人民的视野中消失了。

尽管如此，“阿波罗”计划的成功标志着液体燃料火箭发动机技术发展的一个重要里程碑。将美国宇航员送上月球的巨大“土星”5号运载火箭使用五个F-1发动机，每个发动机燃烧2.5分钟，产生150万磅[①]的推力，远远超过当时所有其他火箭推进系统。从F-1发动机的尺寸和运行特征可以看出美国国家航空航天局更加倾向于技术稳定性和连续性，而不是激进的创新。F-1发动机没有在一开始就融入颠覆性技术，而是遵循了渐进式产品改进路径，在第二次世界大战时期技术的基础上实现了更大范围的液体火箭技术重大突破。但这并不代表F-1发动机的设计完全没有创新，F-1发动机的尺寸和性能要求其必须在材料方面进行创新。此外，就像美国载人航天计划及其任务运载火箭一样，F-1发动机的运行能力和技术属性都是美国军方的

F-1发动机

第四章

功劳，特别是空军和陆军，当然还有为此提供支撑的工业承包商网络。这些承包商在美国国家航空航天局1958年成立之前就参与研制了远程导弹。

“土星”5号三级运载火箭高363英尺，其高度和重量远远超过了美国所有民用和军用运载火箭，是V-2弹道导弹的发明者——德国火箭工程师沃纳·冯·布劳恩的杰作。与第一级（S-IC）相连的五个F-1发动机能够产生750万磅的总推力，这意味着“土星”5号在燃料充足时重达620万磅，这是一个前所未有的重量级。然而人类登月任务需要的正是这样庞大的尺寸和巨大的推力。尽管如此，美国国家航空航天局乔治·马歇尔航天飞行中心和北美航空洛克达因分部（负责F-1研发和生产的公司）的工程师采取谨慎保守的设计策略，追求简单、耐用、可靠、安全，力求将操作风险降到最低。

但工程师们在创新方面并不总是谨慎保守的。F-1发动机的研制始于

史密森尼学会获得了这台由北美航空洛克达因公司于1963年制造的F-1发动机，并在1970年将其送往美国国家航空航天博物馆。该展品的展出方式非常特别，将圆柱体的1/4放置在一个镜像展览空间，参观者仿佛能够看到“土星”5号运载火箭底部的全部五个F-1发动机（来源：美国国家航空航天博物馆）

① 1磅=0.454千克。

1969 年 7 月 16 日，“土星”5 号搭载着“阿波罗”11 号从佛罗里达州肯尼迪航天中心 39A 发射场发射升空。宇航员尼尔·阿姆斯特朗于 7 月 20 日登上月球表面（来源：美国国家航空航天局）

20 世纪 70 年代初，在亚拉巴马州亨茨维尔的美国航天与火箭中心，沃纳·冯·布劳恩站在“土星”5 号第一级火箭的 F-1 发动机旁（来源：美国国家航空航天局）

1955 年，当时加利福尼亚州爱德华兹空军基地的空军推进实验室开始了一项无限制研究，以探索液体燃料技术的极限。由于空军没有对大型运载火箭提出具体要求，洛克达因公司在实验室的要求下，设计并建造了一个能够产生 100 万磅推力的试验装置。1957 年开始在空军的管理下对新发动机进行操作测试。同年，苏联发射了世界上第一颗人造卫星“斯普特尼克”。即使按照空军的标准，洛克达因公司的成果也远远超过了当时导弹推进系统的运行极限。美国空军迄今为止最野心勃勃的火箭“阿特拉斯”洲际弹道导弹的三个洛克达因发动机产生的最大总推力也只有 36 万磅而已。

两年后的 1959 年，空军的弹道导弹发动机不再使用液体燃料，而是改为使用固体燃料。美国国家航空航天局继续与洛克达因公司合作，要求工程师将发动机推力增加到 150 万磅，以满足未来重型运载火箭的要求，因为人类登月计划可能需要。然而，就像之前的美国空军一样，美国国家航空航天局也没有提出火箭设计的具体要求，只为洛克达因公司工程师们提供了发动机配置的一般性指导方针。美国国家航空航天局提出的唯一具体目标是在推进技术方面采取增量改进的方法，洛克达因公司恰好对这种方法具有长期使用经验。

虽然加州理工学院的喷气推进实验室和反应发动机公司等美国本土的火箭研发机构在第二次世界大战期间就已经成立，但冷战爆发后这一领域才开始飞速发展。飞机制造商在第二次世界大战期间订单不断，但到了冷战时期，面临的是政府合同取消、工厂关闭和大规模裁员的局面，这些都是大规模军队遣散的结果。像北美航空这样的公司能够灵活变通，进军火箭推进等多元化专属市场，缓冲了战后经济衰退对飞机业造成的冲击。洛克达因公司的前身是北美航空公司于 1945 年成立的物理学实验室。北美航空公司将其作为一个独立的研发组织，利用战时德国和美国在喷气与火箭推进技术方面的发展优势开发新技术。在冷战初期，洛克达因公司迅速成长为领先的设计公司和制造商，为许多空军导弹设计并生产了液体发动机，包括“红石”短程弹道导弹、“木星”和“雷神”中程弹道导弹以及“阿特拉斯”洲际弹道导弹，等等。

坐落在佛罗里达州卡纳维拉尔角发射台上的美国陆军“木星”中程弹道导弹。与F-1一样，为“木星”提供动力的S-3发动机也使用RP-1燃料，这在很大程度上归功于S-3和洛克达因公司开发和建造的其他液体燃料推进系统（来源：美国国家航空航天博物馆）

此外，加州理工学院喷气推进实验室的附属企业通用航空飞机公司也进入了这一领域，为“泰坦”一号和“泰坦”二号洲际弹道导弹制造了推进系统。1958年，德怀特·艾森豪威尔总统建立美国国家航空航天局。“红石”“泰坦”“阿特拉斯”导弹作为美国国家航空航天局载人航天、卫星和太空探测项目的第一代运载火箭，提供了可靠的服务。但是苏联早期在火箭运载能力上的领先地位迫使美国政府从1958年开始开发“土星”系列火箭。“土星”运载火箭在20世纪60年代成为“阿波罗”计划的运载火箭。

根据与美国国家航空航天局的合同，洛克达因公司在1961年4月测试了升级后的F-1发动机原型。它的最大推力可以达到160万磅，几乎是该公司新款H-1发动机的十倍。美国国家航空航天局刚刚从洛克达因公司采购了推力为16.5万磅的H-1型火箭，计划为“阿波罗”计划的两个测试平台“土星”1号和“土星”1B运载火箭的第一级提供动力。“土星”1号和“土星”1B运载火箭结合了“红石”“木星”“阿特拉斯”导弹的设计和技术。H-1发动机是直接在为“木星”和“雷神”中程弹道导弹提供动力的发动机基础上发展而来的，而F-1发动机在更大程度上吸收了大部分H-1发动机已经经过验证的技术。在短短15年，推力已经从“红石”发动机的7.5万磅发展到F-1发动机的150万磅，跃升了20倍。“红石”发动机是德国V-2发动机的衍生物。F-1发动机的发展遵循一个看似令人难以置信的技术轨迹：从图纸到工厂车间。工程师们谨慎选择了经过验证的可靠技术，但是推力的显著增加需要在部件设计、材料开发和制造方面取得重大进展，以适应发动机部件在运行中不断增加的压力、速度和温度梯度。

洛克达因公司必须建造由钢筋混凝土和钢架制成的大型新试验台才能容纳如此巨大的实时点火发动机。在1961年8月的第一次公开演示中，一台F-1发动机迷倒了爱德华兹空军基地的参观者。发动机被垂直放置在花岗岩峭壁上的一座11层楼高的支架上，发动机试验发出炫目的光、震耳欲聋的响声，沿着500英尺的山体向下滑。

“雷鸣山”：洛克达因的发动机测试场

20 世纪 60 年代初，加利福尼亚州卡诺加公园附近的居民已经习惯了当地人称“雷鸣山”发出的轰鸣。卡诺加公园位于圣苏珊娜山脚下的圣费尔南多山谷，距离洛杉矶西北部 35 英里。在这里，北美航空公司的洛克达因分部在深层的岩石地带建造了推进场实验室，作为公司不断扩大的液体燃料火箭发动机生产线的户外试验场。十年前，洛克达因公司已经开始为美国空军的“纳瓦霍”测试大型助推器。“纳瓦霍”是一种大型超声速洲际巡航导弹，能够携带核弹头，射程超过 3000 英里。虽然空军从未部署过“纳瓦霍”，但紧随其后出现的推进系统为许多大型军用和民用运载火箭提供动力，这些运载火箭在第二次世界大战后由陆军、空军和美国国家航空航天局运营。

山峦景观下洛克达因公司圣苏珊娜实验室的发动机测试站（来源：南加州大学特别展览）

洛克达因公司在圣苏珊娜进行了规模宏大的发动机测试。噪声、火焰和烟雾经常笼罩着这个地方。工程师们测试了一个最大推力为 25 磅的研究模型推进器，用于为“双子星”飞船上的姿态控制系统提供动力。当然，他们也在这里测试体积更大、动力更强的发动机，比如用于“红石”“木星”“雷神”“阿特拉斯”导弹和“土星”系列运载火箭的发动机。据当时的《纽约时报》报道，到 1964 年初，这座占地 3 平方英里的试验基地已经完成了 20 万次发动机试验，其中许多是在六座大型试验台上进行的，这些试验台类似于特大型石油井架。十年后，试验台的数量增加了两倍，达到 18 个。

大规模发动机测试一直持续到 20 世纪 70 年代美国国家航空航天局的航天飞机出现。1978 年，洛克达因公司开始测试新的主要发动机，额定产生 40 万磅的推力。这个项目持续了十年，直到 1988 年，美国国家航空航天局将航天飞机的主发动机测试转移到位于新奥尔良以东，密西西比海岸内陆的约翰·斯坦尼斯航天中心。该中心最初是为“阿波罗”计划中“土星”5 号各阶段的操作测试而建造的。当时，在圣苏珊娜进行的试验数量急剧下降，这在很大程度上是由于美国国防部已经永久性地将远程导弹的推进剂从液体转向固体。1996 年，波音公司从洛克威尔国际公司（在 20 世纪 60 年代末收购了北美航空）手中收购了洛克达因公司，不久之后，圣苏珊娜机场永久关闭。

与 H-1 一样，F-1 发动机使用的是 RP-1（火箭推进剂的简称），这是一种类似于航空燃料的高度精炼煤油。RP-1 不易挥发，可以常温储存，使用寿命长，因此是作为火箭发动机的首选燃料，能够满足美国国家航空航天局对安全性和可靠性的要求。洛克达因公司和通用航空飞机公司用于“雷神”“木星”“阿特拉斯”和“泰坦”1 号导弹的发动机也将煤油作为燃料。煤油的已知特性使洛克达因公司和美国国家航空航天局的工程师能够避免在存储和处理过程中出现一些危险情况，因为有些燃料的燃点比较特殊并且不易储存，比如超冷液氢。但美国国家航空航天局在“土星”5 号的第二（S-Ⅱ）和第四（S-ⅣB）级火箭选择了液氢发动机，主要原因是将“阿波罗”送上月球需要更高的比冲，也就是每单位燃料燃烧产生更大推力。洛克达因公司也设计并制造了这种发动机，并将其命名为 J-2 发动机，额定推力为 20 万磅（之后有所增加）。

美国陆军“红石”导弹，实际上是冯·布劳恩 V-2 的更大和更强版本，在新墨西哥州白沙导弹试验场发射升空（来源：美国国家航空航天博物馆）

与其前身一样，F-1 发动机也将液氧作为氧化剂。但就尺寸而言，F-1 发动机燃烧室的面积几乎是 H-1 发动机燃烧室面积的四倍，每分钟消耗超过 1.5 万加仑的 RP-1 和将近 2.5 万加仑的液氧，合计每秒消耗 3.3 吨燃料和氧化剂。洛克达因公司的工程师还在设计中加入了一个可拆卸的气冷喷嘴，以冷却发动机并简化运输，考虑到 F-1 发动机的尺寸和重量，这并非易事。

尽管美国国家航空航天局决定在 F-1 发动机上使用经过验证的煤油-氧气技术，但工程师们在从测试品到生产模型的过渡过程中仍然面临着巨大障碍，尤其是考虑到发动机的巨大尺寸和动力。材料设计和性能上的缺陷随着计划推进而逐渐显现，特别是在测试期间。1961 年 8 月，在爱德华兹空军基地 F-1 发动机首次公开亮相时，燃油系统故障导致发动机在仅仅 1.5 秒后被迫停止运转，在场的观众不禁大失所望。美国国家航空航天局和洛克达因公司工程师详细讨论了一些主要组件的演变，并在最终设计中融入了创新。

为了解工作复杂性，可以将 F-1 发动机或任何火箭发动机想象为一种可控的爆炸物。推进剂通过喷注器进入燃烧室的温度低于零下几百华氏度，以 F-1 发动机为例，只有氧化剂需要经过过度冷却，而从另一端产生的热废气

1968年10月1日，位于路易斯安那州新奥尔良市附近的美国国家航空航天局米丘德装配厂正在建造的“土星”5号第一级火箭准备安装F-1发动机（来源：美国国家航空航天局）

温度为几千华氏度。这种温度梯度，加上推进剂流动和燃烧的极端压力，对发动机部件和材料造成了巨大压力。工程师们必须在安全和可靠性之间取得微妙的平衡，即在最先进的技术和满足推进系统最低运行要求所需的创新之间取得平衡。航空航天历史学家罗杰·比尔斯坦指出：“一旦设计师们涉足先进冶金领域，就必须创新。此外，考虑到F-1发动机的尺寸和运行要求，必然会出现许多技术进步和制造方法的创新”。

例如，洛克达因公司的工程师试图升级H-1发动机使用的喷注器，但最终没能形成可行的解决方案。F-1发动机喷注器的6000多个喷孔以特定模式喷射RP-1和液氧，最大限度地提高圆柱形燃烧室内的燃烧效率。在测试过程中，燃烧不稳定是一个主要问题，1962年6月爱德华兹空军基地的一个发动机完全熔毁。因此，必须进行重大的设计改进，包括扩大喷注器孔的直径，以提高稳定性。在随后的测试中，洛克达因公司和美国国家航空航天局的工程师故意通过在发动机内部引爆小型炸药破坏燃烧的稳定性，然后监测发动机恢复稳定的速度。考虑到从理论上计算最高效和最稳定燃烧过程的复杂性，他们这样做是将艺术与工程的结合。

月球火箭的前奏：“土星”1号运载火箭

1967年11月“土星”5号的第一次飞行标志着“土星”系列发展进程的高潮。这个发展进程始于20世纪50年代末，在美国国家航空航天局成立之前，也就是在美国承诺将人类送上月球的前几年。“土星”1号和“土星”1B助推器的研发、生产和测试建立了必要的学习曲线，涵盖从推进到分段、制导和控制的各个阶段。这个学习曲线对于美国国家航空航天局工程师和许多工业承包商来说非常重要，在这一基础上，他们最终研制出了“土星”5号运载火箭。尽管美国国家航空航天局打算从一开始就使用“土星”系列运载火箭将人类送入太空，这也是机构在成立之初的首次尝试，但大部分技术工作仍然专注于升级其他火箭和导弹正在使用的技术。但这并不是说发展进程中没有重大创新。相反，美国国家航空航天局和承包商实现了一些重大里程碑，但都以之前的技术发展为基础。

“土星”1号助推器的前身来源于1958年的美国陆军弹道导弹局（该机构的核心，沃纳·冯·布劳恩的开发运营部后来成为了美国国家航空航天局乔治·马歇尔航天飞行中心）。冯·布劳恩的团队提出制造一个三级运载火箭，也就是“土星”，使美国的火箭推进水平能够与苏联相提并论。8个洛克达因H–1发动机，每个发动机的初始推力是16.5万磅（后来升级到18.8万磅），为助推段（S–1）提供130万磅的总推力，这是当时单一运载火箭能够达到的最大推力。为了节省时间和经费，冯·布劳恩的工程师改造了用于生产“红石”

图中显示的是1961年2月1日在乔治·马歇尔航天飞行中心制造和装配工程部完成的“土星”1号运载火箭。此时的火箭处于最初配置，包括两个上面级（来源：美国国家航空航天局）

和“木星”导弹弹身的工具，为第一级火箭制造贮箱。他们将8个“红石”直径的贮箱绑在一个“木星”直径的贮箱周围，形成了第一级火箭的贮箱。

“土星”计划正式成为“阿波罗”计划的一部分后，“土星”1号成为了一个二级火箭，配备液氢/液氧上升段。S-IV(编号有些混乱，代表该计划的历史)使用了6台RL-10发动机，这是世界上首个运行的液氢火箭发动机，也是第一个专门用于飞行中重新启动的发动机。美国联合飞机公司旗下的普惠公司是一家著名的喷气发动机制造商，该公司为“阿特拉斯”火箭开发了RL-10发动机。1961年10月27日，第一颗“土星”1号在佛罗里达州卡纳维拉尔角发射升空，当时还没有进入第二阶段。截至1965年7月，共进行了9次飞行；1964年1月首次发射了“土星”4号。1964年9月进行了第7次飞行，将一个“阿波罗”飞船原型送入轨道。

1966年8月25日，佛罗里达州卡纳维拉尔角发射塔，第二艘运送“阿波罗”飞船的“土星1B”号准备升空。任务目标包括确定预定发射的载荷、演示航天器部件分离以及验证高再入速度下热防护的强度（来源：美国国家航空航天局）

“土星”1B是升级版的“土星”1号，二级助推的动力更强大。1962年7月11日，美国国家航空航天局宣布了该型火箭。该火箭同样由马歇尔中心研制。S-IVB经过改造成为“土星”5号的第三级火箭。航天历史学家亨利称：“这恰好说明了渐进式的发展进程”。与它的前身一样，“土星”1B依靠8个升级的H-1发动机（最初额定推力为20万磅，之后是20.5万磅）助推第一级火箭。但美国国家航空航天局启用了RL-10发动机，在S-IVB的第二级采用全新的洛克达因J-2发动机。和RL-10一样，J-2使用液氢燃料，但更大的尺寸和推力提供了明显的运行优势。一个J-2发动机最初能够产生20万磅的推力，后来逐渐增加，产生的总推力是6个RL-10发动机总和的两倍还要多。首个“土星”1B于1966年2月26日发射，之后进行了四次试飞，以测试火箭本身的能力，同时也为了“阿波罗”的指挥、登月和服务模块进行测试，因为“土星”5号将作为“阿波罗”的发射火箭。“土星”1B发射了5次载人任务，分别为：1968年，“阿波罗”7号；1973年，3次天空实验室空间站宇航员飞行；1975年，与苏联飞船对接时发射“阿波罗-联盟号测试计划”任务。

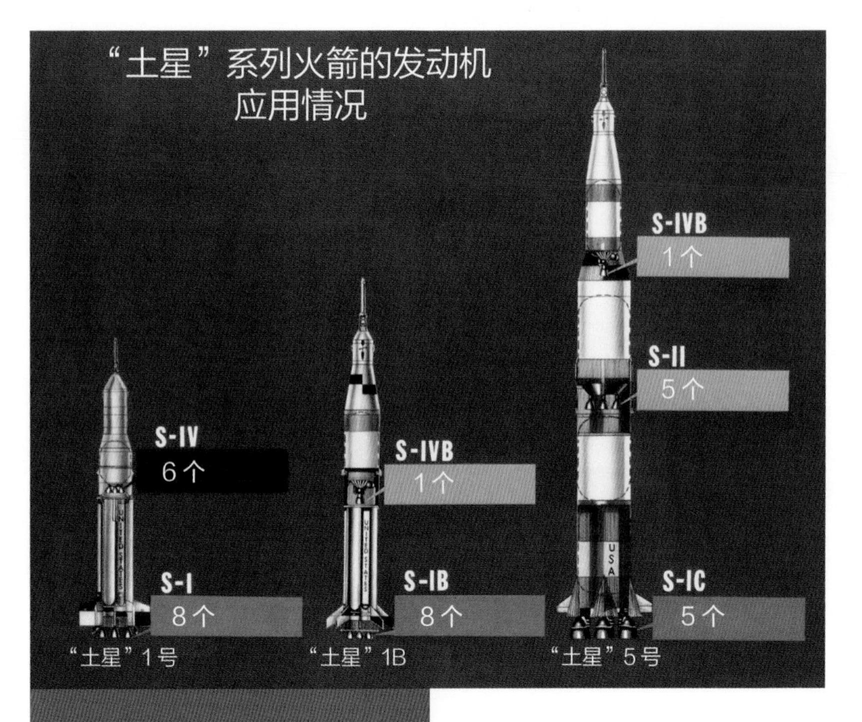

图中显示了"土星"1号、"土星"1B和"土星"5号火箭各级的发动机配置情况（来源：美国国家航空航天局）

在涡轮泵方面也进行了创新。火箭的涡轮泵将推进剂从贮箱中排出，这种速度相当于在几秒内排干一个大游泳池。涡轮泵的重量超过一吨，能够产生50000马力①以上的动力。如果使用新的高强度材料升级涡轮泵会产生问题，如泵总管焊接点会更加脆弱。在这种情况下，洛克达因公司使用了通用电气开发的一种新镍基合金。工程师们发明了能够减少开裂的焊接方法，还为F-1发动机生产线的焊工制定了新的培训方案。

1965年4月16日，在美国空军签订F-1发动机合同的十年后，工程师们终于在亚拉巴马州亨茨维尔的马歇尔航天飞行中心点火了"土星"5号一级火箭的五个发动机，但燃烧只维持了6.5秒。8月初，工程师们完成了一次持续时间更长的测试，相当于整个一级火箭燃烧完成，即2.5分钟。专门为"土星"5号发射而设计的发动机测试持续时间稍长一些，为10.8分钟。美国国家航空航天局指出，F-1发动机应该能够在其生命周期中运行24.3分钟，包括发射前的测试，并且再次强调了耐久性和可靠性是"阿波罗"计划的重中之重。1966年9月，美国国家航空航天局批准F-1发动机执行载人飞行任务。F-1发动机总共经历了近3000次测试，其中近一半测试持续时间超过了预期飞行时间2.5分钟。

1967年11月9日，第一次飞行就绪的"土星"5号在佛罗里达州肯尼迪航天中心发射升空，执行"阿波罗"4号任务。所有五个F-1发动机没有出现任何故障，飞行也很顺利。一级火箭的发动机顺序关闭，首先是中心发动机在135.5秒关闭，然后四个舷外F-1发动机在150.8秒关闭。此时，二级火箭的J-2发动机点火，火箭在38英里的高度达到了6000英里每小时的速度。

然而，1968年4月，"土星"5号（"阿波罗"6号）的下一次测试却没有得到这样好的结果。火箭上升过程中出现了剧烈振动，也就是所谓的"纵向振动效应"。第一级和第二级火箭都出现了这一问题，上面级还出现了J-2发动机故障。F-1发动机的固有振动频率与机身的振动频率同步，产生了累积效应，在载人舱室所在的运载火箭顶部加剧。工程师们通过在连接液氧管路和发动机的阀门总成中加入减振器（氦气），排除了在未来飞行中再

① 1马力=735.5瓦。

1967 年 1 月 1 日，“土星”5 号一级火箭被提升到密西西比试验设施的一个试验台上。这里如今已变成约翰·斯坦尼斯航天中心（来源：美国国家航空航天局）

次发生这种情况的可能性。当阀门打开时，氦气抑制了发动机振动，并防止振动扩散到机身其他部分。美国国家航空航天局马歇尔计划的工程师和管理人员对这一解决方案非常自信，于是他们直接着手下一次“土星”5 号的发射。“土星”5 号在 1968 年 12 月将“阿波罗”8 号的宇航员送上月球，这是史无前例的载人任务。此次飞行，以及后续的飞行都没有出现振动现象，F-1 发动机按照预期完成了使命。

在整个“阿波罗”计划期间，洛克达因公司为美国国家航空航天局制造并交付了 98 个 F-1 发动机，其中 60 个 F-1 发动机为 13 个“土星”5 号运载火箭提供动力，其中 12 个用于“阿波罗”计划，还有 1 个用于天空实验室空间站。美国国家航空航天局的预算削减导致“阿波罗”计划和天空实验室计划在 20 世纪 70 年代早期结束，F-1 发动机的后续开发和使用前景也就此打住。美国国家航空航天局选择了更加经济和常规的太空飞行方式，从一次性火箭转向可重复使用的火箭，并继续推进航天飞机的发展。与一次性使用的 F-1 发动机及其之前的所有液体燃料火箭不同，可复用火箭发动机在发射和升空期间为航天飞机提供动力。不同于 F-1 发动机，航天飞机的主发动机扩展了最先进技术的极限，由完全可互换的部件组装而成，产生的最大推

1992年3月24日，“亚特兰蒂斯”号航天飞机进入近地轨道。连接到飞行器尾部的三个主发动机在上升过程中燃烧了8.5分钟，总共产生了约120万磅的推力（来源：美国国家航空航天局）

力不到F-1发动机的1/3，在这种情况下，它的燃料（超冷液氢）燃烧效率要高得多。

后来，航天飞机的主发动机取代了F-1发动机，F-1发动机就此成为历史。自1972年最后一次“阿波罗”登月任务以来，剩余的F-1发动机一直作为展品在美国和欧洲的博物馆公开展出。“阿波罗”计划结束后，美国国家航空航天博物馆获得了大约6个F-1发动机。目前大部分在其他博物馆展出。具有重要历史意义的F-1发动机由洛克达因公司于1963年建造，在1970年由马歇尔太空飞行中心捐赠给史密森尼学会，目前陈列在美国国家航空航天博物馆的“阿波罗登月”展馆。美国国家航空航天局对该发动机进行了4次测试，共持续了192秒。

1965年2月16日，美国国家航空航天博物馆的F-1发动机进行静态测试（来源：美国国家航空航天博物馆）

美国国家航空航天博物馆在2004年从美国国家航空航天局获得了另一个F-1发动机，并在弗吉尼亚州的史蒂文·乌德瓦尔-哈齐中心展出。目前该展品已经售出并归还到马歇尔航天中心。2012年，该F-1发动机在马歇尔航天中心进行了翻新和测试，这一年距离美国空军授予洛克达因公司合同、开始开发该技术已经过去了60年。马歇尔航天中心的工程师中有许多人在“阿波罗”计划结束后才出生。他们研究了改变该发动机机器组件用途的多种方法，为一项更宏大的深空探索项目开发推进系统。无论如何，F-1发动机仍然是有史以来推力最大的单室火箭发动机。

——托马斯·莱斯曼

F-1发动机规格说明

制造商：北美航空公司洛克达因公司

推力（海平面）：150万磅（667.5万牛）

推力持续时间（“土星”5号S-1C级）：150秒

重量（干）：18416磅（81951牛）

推进剂：RP-1（煤油）和LOX（液氧）

高：18.5英尺（5.64米）

直径（喷嘴底座）：12.2英尺（3.72米）

“土星”5号发射记录

火箭编号	任务名称	日期	人员	任务说明与第一次
AS-501	“阿波罗”4号	1967年11月9日	无	“土星”5号的首次发射；完全成功；“阿波罗”4号指挥舱的月球速度再入测试
AS-502	“阿波罗”6号	1968年4月4日	无	发射出现振动问题，二级和四级以及J-2发动机出现故障。四级无法重新启动，“阿波罗”6号指挥舱的再入测试用飞船推进完成
AS-503	“阿波罗”8号	1968年12月21日	博尔曼 洛弗尔 安德斯	首次载人的“土星”5号任务；首次进入深空和月球的人类任务；10次月球轨道飞行以及圣诞前夜电视直播；持续时间：6天
AS-504	“阿波罗”9号	1969年3月3日	麦克迪维特 斯科特 施韦卡特	首次在地球轨道的载人登月舱测试；月球宇航服的太空行走测试以及首次登月舱和指挥服务舱之间的交会对接；持续时间：10天
AS-505	“阿波罗”10号	1969年5月18日	斯塔福 杨 塞尔南	“阿波罗”11号月球轨道月球登陆正式彩排；斯塔福和塞尔南带着登月舱在月球下降9英里；持续时间：8天
AS-506	“阿波罗”11号	1969年7月16日	阿姆斯特朗 柯林斯 奥尔德林	阿姆斯特朗和奥尔德林完成首次人类月球着陆；首次月球太空行走以及月球取样返回；持续时间：8天
AS-507	“阿波罗”12号	1969年11月14日	康拉德 戈登 比恩	在发射过程中被闪电击中；第二次登月，康拉德和比恩，精确着陆在“勘测者”3号飞船附近；样本和“勘测者”3号零件返回；持续时间：10天
AS-508	“阿波罗”13号	1970年4月11日	洛维尔 史威格 海斯	第二级中心发动机故障；在飞往月球的过程中服务舱氧气贮箱爆炸；月球循环；将登月舱作为救生飞船紧急返回；持续时间：6天

火箭编号	任务名称	日期	人员	任务说明与第一次
AS-509	“阿波罗”14号	1971年1月31日	谢泼德 鲁萨 米切尔	谢泼德和米切尔在为“阿波罗”13号准备的弗拉莫罗基地完成第3次登月；更广泛的太空行走和科学工作；持续时间：9天
AS-510	“阿波罗”15号	1971年7月26日	斯科特 沃登 埃尔文	斯科特和埃尔文在哈德利亚平宁山脉完成第四次登月；首次携带月球车，执行了3次太空行走；沃登在月球轨道上，服务舱内操作主要科学测量仪器；持续时间：12天
AS-511	“阿波罗”16号	1972年4月16日	杨 马丁利 杜克	杨和杜克在笛卡儿完成第五次登月，只有高地登陆地点；第二次月球车和轨道科学任务；持续时间：11天
AS-512	“阿波罗”17号	1972年12月7日	塞尔南 埃文斯 施密特	塞尔南和施密特在陶鲁斯－利特罗完成第6次登月；施密特是第一位，也是唯一登月的科学家兼宇航员；第3次月球车和轨道科学任务；持续时间：12天
AS-513	“阿波罗”18号	1973年5月14日	无	美国第一个空间站；微陨石防护罩在发射过程中脱落；采取救援行动；1973年至1974年，被3名宇航员使用了3次，此时持续时间分别为28、56和84天；1979年天空实验室在大气层中烧毁

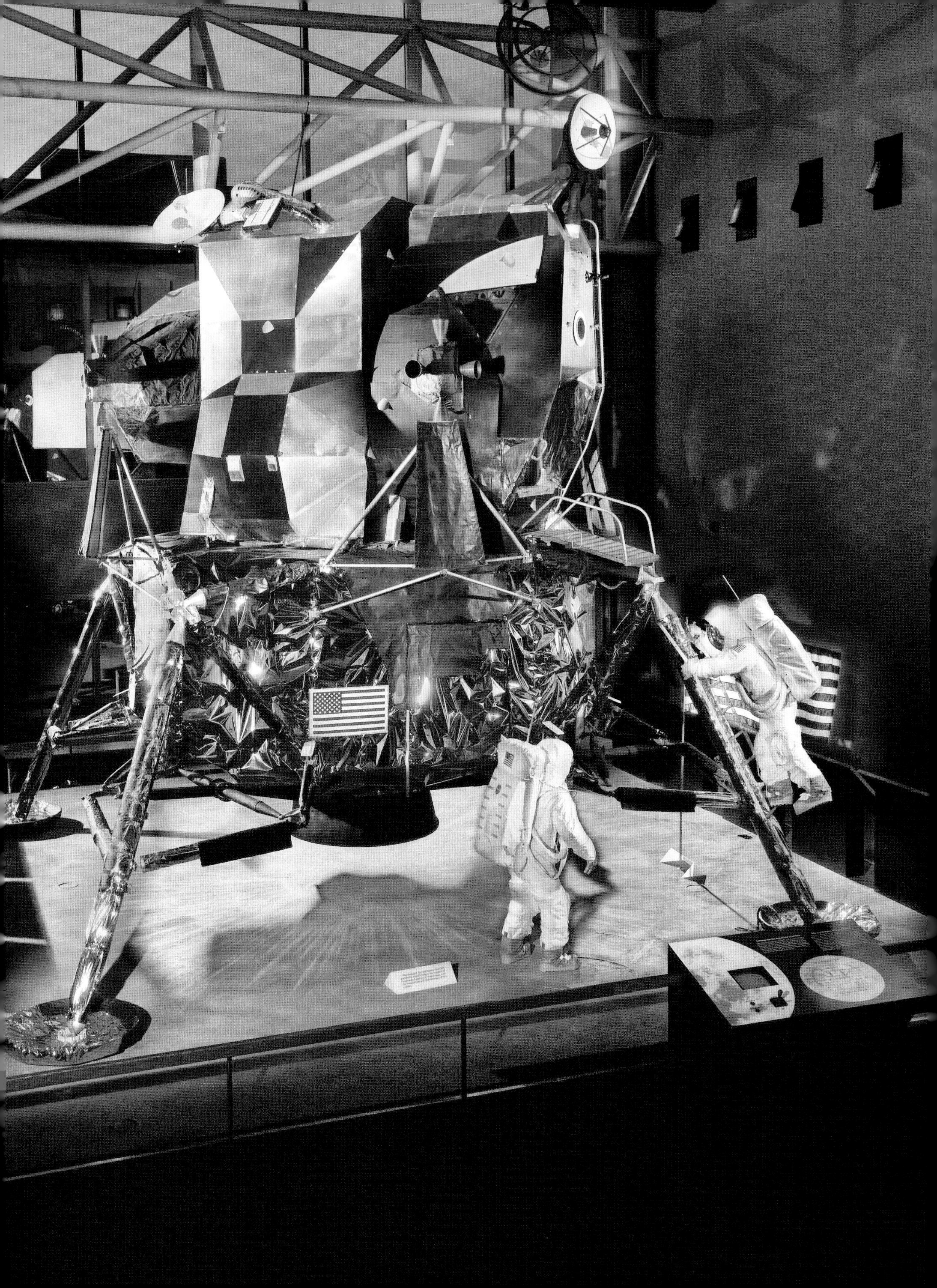

相信许多人都曾看到过耸立在月球表面的登月舱照片，这已经成为一个标志性画面，代表着一项举世瞩目的成就。为了纪念这一壮举，史密森尼学会在1971年开始展出LM-2登月舱，该登月舱于1969年7月制造完成，曾经用于地球轨道测试任务。首次展出是在艺术与工业大楼，该展品俨然已经成为1976年新国家航空航天博物馆开馆以来的一个重要景点。

LM-2在配置上与"阿波罗"11号的LM-5"鹰"号相似。"鹰"号是将尼尔·阿姆斯特朗和巴兹·奥尔德林带到月球表面的登月舱。当然，我们无法展出"鹰"号登月舱，因为它的下降段永远留在了月球的"静海"，而上升段，即乘员舱，则在将阿姆斯特朗和奥尔德林送到由迈克尔·柯林斯驾驶的"哥伦比亚"号指挥舱返回地球后几天就撞向了月球。格鲁曼飞机工程公司计划在纽约贝斯佩奇建造10个测试舱和15个实际登月舱，其中只有4个成为了博物馆展品。LM-2的结构基本完整，而且与LM-5非常相似，因此是1970年美国国家航空航天博物馆展出的最重要文物之一。

登月舱实际上只是一个复杂系统的一部分。为了实现肯尼迪总统在20世纪60年代的十年内将人类送上月球并安全返回地球的目标，人们开发了一个复杂的系统。1961年，当肯尼迪总统向国会和全体美国人民提出这一

登月舱 LM-2

第五章

挑战时，美国的载人航天经验仅有十五分钟而已。为了实现肯尼迪的大胆目标，美国国家航空航天局不得不调动大量资源，设计、建造和测试无数的组件和支持设备。其中包括体积庞大的"土星"5号火箭、一个巨大的发射综合设施、"阿波罗"指挥服务舱以及登月舱。

作为LM-5"鹰"号替代品展出的LM-2登月舱。该展品位于美国国家航空航天博物馆的东端，每年有数百万游客前来参观。目前的展出方式与1970年在日本大阪世博会上的展出方式大致相同（来源：美国国家航空航天博物馆）

为什么要建登月舱?

有过月球旅行梦的人常常设想最终将他们送上月球的一定是机器。然而，直到1961年，还没有人设计出能够实现这一目标的机器。整个20世纪50年代，太空爱好者们一直在讨论最佳登月方法。许多人设想使用美国国家航空航天局计划人员所说的"直接升空"：一枚巨大的火箭将一艘足够大且燃料充足的航天器送到月球表面，在探索完成后，可以直接起飞返回地球。而"火星"5号火箭开发团队负责人——沃纳·冯·布劳恩长期以来的设想是，首先将几个大型组件送入地球轨道，然后在轨道上将它们组装起

来，之后便可以开始进行月球之旅，也就是后来的“地球轨道交会”。组装后的飞船就像直接升空设想的一样，可以直接进入月球表面。

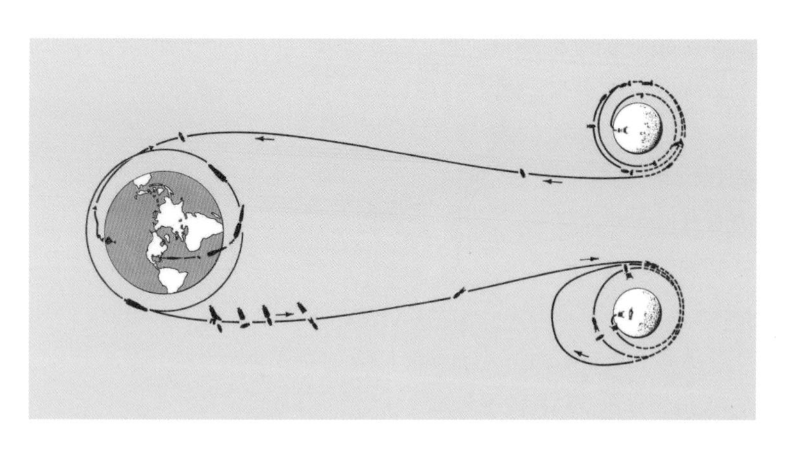

1961 年至 1962 年，经过长时间且时常出现争议的讨论，美国国家航空航天局选择了第三种模式：月球轨道交会。利用一枚巨大的火箭（但比直接上升所需的火箭小）将一组体积更小的太空舱放置在月球轨道上，作为指挥服务舱（也就是“母舰”），同时配合“月球旅行车”的使用。进入月球轨道后，登月舱（也就是之前的月球旅行车）便可以将宇航员送上月球表面，登月舱配备一个上升段，可以把宇航员送回月球轨道。当宇航员返回指挥舱后就不需要再使用登月舱了。携带主推进系统和生命支持系统的服务舱将为指挥舱和宇航员返回地球提供动力，并在再入地球前不久自动烧毁。最终返回地球的只有锥形的指挥舱，高度仅为华盛顿纪念碑的三分之二。

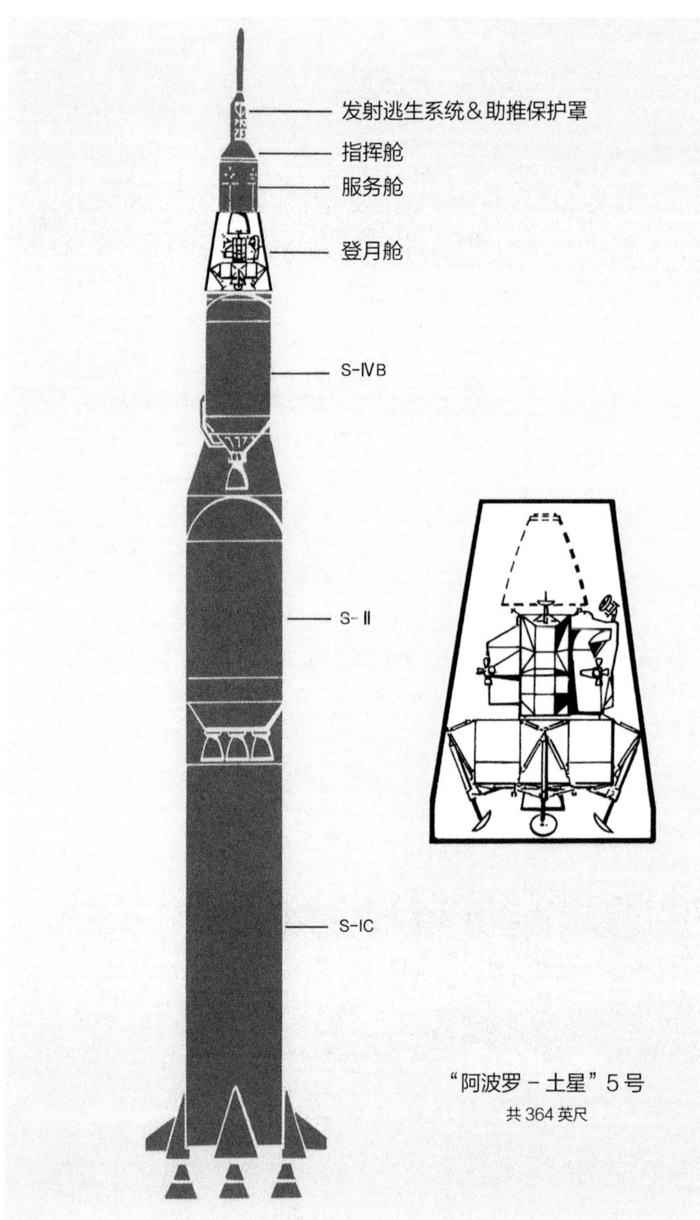

“阿波罗－土星”5 号
共 364 英尺

根据美国国家航空航天局的一项可行性研究，格鲁曼公司从 1960 年开始设计“阿波罗”飞船，但最终该研究合同被授予北美航空公司。但格鲁曼公司继续让 50 位工程师开发用于月球轨道交会概念的太空舱。格鲁曼公司的这一“抢跑”策略为他们赢得了后来建造登月舱的合同，美国国家航空航天局在合同中改进了要求。美国国家航空航天局和格鲁曼公司的工程师们设想了一个由两部分组成的登月舱。他们制造的登月舱是一个完全自给自足的航天器，具有生命支持、制导与导航、姿态控制、通信等功能，具备在月球轨道上操作，在月球表面着陆、起飞，与指挥舱交会所需的所有仪器。登月舱位于“土星”5 号顶部的一个特殊隔间内，该装置叫作飞船登月舱适配器，在指挥与服务舱下方。

在飞往月球途中，宇航员们将指挥与服务舱和飞船登月舱适配器分离，并将适配器四个面板卸下抛弃。然后他们会执行一个“空翻”操作，将指挥舱的尖端连接到登月舱上，并将其从助推器中取出。这个奇特的装置在真空中不受空气动力学的影响，能够飞行 24 万英里到达月球。为了绕月球运行，宇航员通过点燃与行驶方向相反的服务舱主发动机降低航天器的速度。到达月球轨道后，三名宇航员中的两名将搭乘登月舱登上月球。

登月舱总共有 18 个火箭发动机：一个大的发动机用于下降，另一个用于上升；16 个姿态控制推进器分为 4 个一组。推进器的作用是使登月舱的驾驶员能够在任务的各阶段将飞船旋转到所需的位置。平行于月球表面的轨道速度接近 4000 英里每小时，必须降低速度，以便在着陆时速度能够达到在垂直方向每秒 5 英尺，且不会出现横向运动。

登月舱的下降阶段看似简单，但其中的工程十分复杂。由于月球没有大气层，登月舱只能通过发动机减速。当时的火箭工程师几乎没有使用可节流发动机的经验，所以设计一个这样发动机的难度可想而知。下降发动机还必须通过一个计算机控制的万向支架系统调整推力方向，因为航天器的重心会随着推进剂的消耗而改变。登月舱的四条支撑腿、支撑腿底部的巨大衬垫以及蜂窝铝结构设计都是为了吸收最终的着陆冲击。下降阶段还配备了用于实验的储物室和宇航员在登陆月球时使用的设备。

宇航员、控制系统和生命支持设备都位于上升段，所以上升段的设计花了两年时间才完成。重量一直是一个问题，格鲁曼公司和美国国家航空航天局的工程师们考虑了所有减轻重量的方法。他们甚至移除了宇航员的座位，以保证在失重状态下站立不会过度疲劳。事实上，宇航员们站立时的视线更佳，而且当登月舱着陆时，他们可以利用双腿减震。所有结构性材料都必须尽可能纤薄，以减少重量。

月球轨道交会图，描述了飞船在不同阶段的任务（来源：美国国家航空航天局）

“土星”5 号火箭的堆栈插图描绘了发射登月舱的位置，就在指挥舱和服务舱下面（来源：格鲁曼公司）

1966 年的“阿波罗”飞船在月球海区域的艺术呈现；三名宇航员中的两名准备从指挥舱和服务舱转移到登月舱（来源：美国国家航空航天局）

登月舱在上升阶段不仅是一种交通工具，也是两位宇航员的生活区。工程师们在乘员舱内设计了食物和设备储存空间，同时也为至关重要的月球行走留出了足够的空间。上升段发动机比下降段发动机简单，因为上升段发动机不能发生故障，否则，两名宇航员将留在月球上，直到他们因氧气耗尽而死亡。为了尽量减少故障，工程师们使用自燃推进剂，即结合后可以自动燃烧的化学物质，在真空中也可燃烧。

登月舱支撑腿和奇形怪状的外观很像一只下半身覆盖着皱巴巴金箔的巨大昆虫。隔热层是由 25 层镀铝聚酯薄膜和卡普顿外板组成的，用于保护登月舱下降段和设备免受空间极端温度和微陨石的损害。工程师们发现，聚酯薄膜层能够提供充分保护，同时质量仅为原设计中铝板的几分之一。为了在聚酯薄膜的层与层之间留出空隙，技术人员特意手动将每一层弄皱。工程师们用胶带把聚酯薄膜层粘住、钉好，然后用螺丝把它们固定在飞船上，以防脱落。由于每艘登月舱都是技术人员手工制作而成，并且针对每次任务进行了微调，因此每艘登月舱的外观都是独一无二的。

“鹰”降月球

1969 年 7 月 20 日，尼尔・阿姆斯特朗和巴兹・奥尔德林驾驶的“鹰”号登月舱以每小时 3800 英里的速度在月球轨道上飞行，距离静海 250 英里时阿姆斯特朗向制导计算机键入命令，开始“刹车”。9 分钟后，登月舱以每小时 410 英里的速度飞行，距离月球表面仅 10000 英尺。美国国家航空航天局根据月球地图和轨道飞行器图像选择了着陆地点，但由于图像分辨率较低，没有办法确定着陆点是否平坦。在离着陆点只有 4 英里多一点的位置，阿姆斯特朗控制了飞船，以便通过双眼所见的情况引导飞船安全着陆。在 8000 英尺的高度，他发现目标地点巨石过多。此时的“鹰”号仍然以每秒 20 多英尺的速度飞行，阿姆斯特朗及时转向躲过了一个危险的陨石坑。

与此同时，在休斯敦的任务控制中心，宇航员查理・杜克告诉阿姆斯特朗，他的燃料只能坚持 60 秒。在燃料只能支持 30 秒时，杜克又提醒了一次阿姆斯特朗。当探测器从下降段的三个支撑腿延伸到月球表面时，阿姆斯特朗开始关闭下降发动机。“鹰”号着陆了。6 小时后，阿姆斯特朗和奥尔德林踏上灰尘覆盖的月球表面，实现了人类的一个伟大梦想。

登月舱

两位宇航员的月球行走使格鲁曼公司 9 年的紧张工作终于有了交代。1967 年 6 月，格鲁曼公司向美国国家航空航天局交付了 LM-1，但直到 1968 年 1 月，LM-1 才作为“阿波罗”5 号任务进行了无人驾驶飞行。LM-1 绕地球飞行了五周，在此过程中，技术人员远程测试了宇航员舱完整性、姿态推

在“静海”，背景是LM-5“鹰”号登月舱，奥尔德林正在部署早期“阿波罗科学实验包”。在图中可以看到无源地震实验包和激光测距反向反射器（来源：美国国家航空航天局）

进器、下降发动机的节流、段间分离和上升发动机的点火。LM-1 没有支撑腿，因此不会执行着陆操作。当 LM-1 再入大气层时，它短暂而成功的“一生”就已经终结，在巴拿马上空化作一团火焰。LM-2（目前在美国国家航空航天博物馆展出）是一个备用登月舱，按照LM-1 相同的规格设计和制造。由于 LM-1 飞行的成功，美国国家航空航天局的管理人员决定不发射 LM-2。尽管如此，他们还是要求格鲁曼公司完成了 LM-2 的制造，并将其交给休斯敦任务控制中心进行测试。

美国国家航空航天局将 LM-3（“蜘蛛”）和 LM-4（“史努比”）作为载人测试飞行器。1969 年 3 月，LM-3 随“阿波罗”9 号进入太空，进行了月球着陆的地球轨道预演。在十天里，宇航员们完成了所有月球任务阶段的指挥服务舱和登月舱测试。所有发动机都进行了测试，宇航员们演练了登月舱和指挥舱的对接和重新对接。两个月后，“阿波罗”10 号的宇航员将 LM-4“史努比”送上了月球。LM-4 的装备还不足以登陆月球，但宇航员们驾驶它在月球表面飞行了 9 英里，并在这里侦察了位于静海的着陆点。LM-4 的下降段被抛弃并最终坠毁在月球表面。在成功与指挥舱对接后，宇航员将

1969年,LM-3“蜘蛛”在“阿波罗”9号执行任务时绕地球轨道运行。在十天的时间里，美国国家航空航天局使登月舱和指挥服务舱完成了月球轨道上各阶段的分离与重新对接（来源：美国国家航空航天局）

LM-4的上升段释放到太阳轨道，直到今天它还留在那里。

LM-6（“无畏”）和LM-8（“心大星”）都成功登陆月球（“阿波罗”12号和“阿波罗”14号）。随后，被称为“J级任务”的登月舱搭载“阿波罗”15号、16号和17号（LM-10、LM-11和LM-12）不仅成功登陆月球，还携带了月球车，极大地扩展了可探索的区域，提高了收集到的科学信息的质量。“阿波罗”13号的LM-7（“水瓶座”）登月舱还为宇航员提供了紧急避难所：在飞往月球途中，服务舱氧气罐发生爆炸。幸存下来的三名宇航员挤在“水瓶座”中准备返回地球，原本只能供2人使用2天的氧气和水，供3名宇航员使用了4天，这也体现出了登月舱设计和建造的灵活性。

为什么LM-2与LM-5如此相似？

LM-2于1968年问世，然后经历了传奇的“职业生涯”。在“阿波罗”11号发射前的几个月，美国国家航空航天局仍在担心登月舱可能会在凹凸不平的月球表面登陆时出现故障。LM-2增加了起落架和装有惰性液体的燃料箱，并且在休斯敦的振动与声学测试中心进行了严格测试。技术人员从不同高度和角度扔下LM-2，研究起落架和电线的振动。工程师们认为测试圆满成功。随着测试的完成，LM-2正式开始了它最终成为一个公开展品的一生。

LM-1成功后，史密森尼学会联系了美国国家航空航天局，希望将

关于“阿波罗”的电视报道

“阿波罗”计划期间，美国国内上演着各种各样的重大事件，包括民权斗争，消除贫困的斗争，城市动荡，约翰·肯尼迪总统、他的弟弟罗伯特·肯尼迪和马丁·路德·金遭到暗杀，以及在越南日益失去民心的军事冲突。美国的电视媒体在报道这些大事的同时也报道了“水星”“双子星”和“阿波罗”计划的成功与艰辛。

在当时的记者中，没有人比哥伦比亚广播公司（CBS）新闻主播沃尔特·克朗凯特更了解“阿波罗”登月。克朗凯特对“阿波罗”登月的报道令许多美国人见证了这段历史。美国国家航空航天局意识到，美国人民需要参与到这一具有历史意义的事件中，因此在执行任务前，通过简报和特殊的新闻材料向记者介绍了技术细节。美国国家航空航天局还特意召集了一批随时可以接受采访的专家。

克朗凯特对航天计划有着强烈的兴趣，他的报道也极富感染力。他在卡纳维拉尔角的一辆旅客车后座上报道了艾伦·谢泼德和“水星”号第一次飞行的消息。在“阿波罗”计划的整个过程中，他与美国国家航空航天局的工作人员和工程师们积极接触，了解并传达了该计划的重要性和复杂性。克朗凯特后来把他的档案捐赠给了得克萨斯大学奥斯汀分校，美国国家航空航天博物馆收藏了他在哥伦比亚广播公司新闻节目中使用的登月舱模型。克朗凯特使用了许多模型，其中一些模型非常大而且非常复杂。他借助这些模型向观众解释航天飞行。小的登月舱模型大多由商业模型公司生产，其圆形底座上带有格鲁曼公司和美国航空航天局的标志。克朗凯特经常在节目中将该模型与美国国家航空航天局提供的登月动画结合使用。

2006年，美国国家航空航天局授予克朗凯特“探索大使奖”，他也因此成为除宇航员和美国国家航空航天局工作人员外唯一的获奖者。2009年克朗凯特去世后，尼尔·阿姆斯特朗在悼念他的演讲中称：“沃尔特·克朗凯特的节目获得了最高的收视率。他对载人航天探索充满热情，这种热情具有感染力，也赢得了观众的信任。我们将永远怀念他”。

沃尔特·克朗凯特在哥伦比亚广播公司新闻电视节目中使用的登月舱商业模型。这个模型被美国国家航空航天博物馆收藏。这是为数不多的能说明大多数美国人都见证了“阿波罗”计划的物质文化碎片之一（除了节目本身）（来源：美国国家航空航天局和美国国家航空航天博物馆）

LM-2运到博物馆展出。1969年9月，史密森尼学会再次联系美国国家航空航天局沟通此事。然而，美国新闻署（USIA）对美国国家航空航天局的“阿波罗”文物另有打算。1970年3月至9月在日本大阪举行的第70届世界博览会以“人类进步与和谐”为主题，美国官员希望确保大量“阿波罗”展品出现在此次展览的美国展馆。

1953年，艾森豪威尔总统创建了美国新闻署，目的是在海外宣传美国的理想，反击苏联向世界传递出的不一致信息。国会在财政和立法上对该机构严加控制，防止其在美国境内传播信息。20世纪60年代，美国的航天成就成为了新闻署的主要焦点。在加拿大蒙特利尔举行的第67届世博会上，美国馆的造型是一个巨大的地球圆顶，由巴克明斯特·富勒设计，馆内的展品包括一个放置在模拟月球表面的登月舱模型。

在日本世博会上，美国新闻署的工作人员认为必须展示最具美国特色的艺术品。随着美国因为与越南的冲突受到越来越多的非议，美国新闻署希望此次展览上的展品至少在准确程度上令人无法质疑。因此，他们不使用模型，只展出经历过航天飞行的飞船或没有上过太空的真正飞船。最大展品是一个模拟的“阿波罗”11号着陆点，因此需要一个真正的登月舱，一个能让人觉得是LM-5“鹰”号的登陆舱。格鲁曼公司的工程师将LM-2的下降段包裹上卡普顿，增加了支撑腿，然后与登月舱试验装置8（LTA-8）组装起来。LTA-8是一种热真空测试仪器，用于测试环境控制系统。LTA-8是第一艘载人登月舱，与其他展品一样真实可靠。美国国家航空航天博物馆希望能够在此次展览结束后获得一个登月舱，因此积极为在大阪的美国新闻署提供支持，借出了其他“阿波罗”展品。美国新闻署展出了一块月球岩石、宇航服、一个巨大的F-1发动机、“阿波罗”8号指挥舱以及其他能够代表“阿波罗”计划成功的展品。超过1800万名游客在这里亲身体验了登陆舱，证明了复制“鹰”号的价值。

“阿波罗”11号发射前，在休斯敦进行降落测试的LM-2，可以通过三角形的窗口辨认。工程师们剥去了登陆舱的卡普顿外罩和保护铝板，在一个受控的环境中将其扔下，以测试航天器在着陆压力下的耐久性（来源：格鲁曼公司）

在日本大阪举行的第70届世博会上，一些政要在登月舱前合影留念。LM-2被伪装成“鹰”号，是“静海”展览的中心展品（来源：奈良）

史密森尼学会的LM-2

“阿波罗”计划在每一次任务中都创造了历史，史密森尼学会也致力于将这一传奇体现在展品中。根据1967年史密森尼学会和美国国家航空航天局之间的一项协议，后者会将不再工作的历史文物移交给美国国家航空航天博物馆，而博物馆则将促进公众参与太空探索作为一项使命。1969年7月20日，美国国家航空航天博物馆组织了一场新闻发布会，在电视上播放了“阿波罗”11号登陆月球的画面。博物馆工作人员将办公室让给NBC和CBS的新闻工作人员，以便在艺术与工业大楼（这里展示着大量博物馆的航天展品）转播登月画面。在那个温暖的7月里，17000多名参观者曾在莱特兄弟1903年发明的“飞行者”下漫步，在约翰·格伦的“友谊”7号水星太空舱前驻足。美国东部时间下午4：17分，当“鹰”号降落在月球静海时，参观者们爆发出欢呼声。史密森尼学会在向公众展示美国的航天计划方面发挥了关键作用。

1970年11月，大阪世博会结束时，登月舱被送回休斯敦，格鲁曼公司

LM-2 在史密森尼艺术与工业大楼的两层圆形大厅中展出。从照片中可以看到地面上是技术人员认为这次降落可能在月球土壤上留下的爆炸痕迹。对“鹰”号实际着陆后的观察表明，下降发动机在月球上并没有产生这些痕迹（来源：美国国家航空航天博物馆）

的技术人员用 LM-2 的登月舱取代了 LTA-8 的登月舱。他们还为了满足美国国家航空航天博物馆的未来参观者们，对重新组合的 LM-2 进行了更多修改，使其外观与“鹰”号更加相似。1971 年 4 月，美国空军驾驶 1 架“超级孔雀鱼”运输机，将改装过的 LM-2 运往马里兰州安德鲁斯空军基地。在抵达艺术与工业大楼后，美国国家航空航天局、格鲁曼公司和史密森尼学会的工作人员又花了两个月时间准备 LM-2 的展出。

1971 年 6 月 7 日，美国国家航空航天局将“阿波罗”11 号的指挥舱“哥伦比亚”号交付给了艺术与工业大楼；7 月，史密森尼学会在两层楼高的圆形大厅向公众展示了“哥伦比亚”号和 LM-2。史密森尼学会请公众们留意“哥伦比亚”号再入大气层时留下的燃烧标记，还有 LM-2 外表与“鹰”号的相似之处。除了登月舱外，博物馆还展出了月球工具和其他展品，以及尼

史密森尼学会工作人员和承包商正在拆卸LM-2，准备运往新的美国国家航空航天博物馆（来源：美国国家航空航天博物馆）

在1976年向公众开放之前，美国国家航空航天博物馆的东端还没有摆放其他展品，LM-2坐落在空旷的展台上（来源：美国国家航空航天博物馆）

尔·阿姆斯特朗、巴兹·奥尔德林和指挥舱驾驶员迈克尔·柯林斯穿的宇航服。无论是当时还是现在，史密森尼学会展出的登月舱都是LM-2，而不是“鹰”号，但博物馆希望公众把它当作成功将人类送上月球的登月舱。

在之前的4月，史密森尼学会秘书长迪伦·里普利任命迈克尔·柯林斯为美国航空航天博物馆的馆长。不到一年，新博物馆的修建开始动工。1975年，工作人员开始为1976年7月的新馆开业转移展品。博物馆工作人员计划以之前在艺术与工业大楼同样的方式（也是大阪世博会的展出方式）展出登月舱：像“鹰”一样放在一个抬高的基座上，周围布满人造的月球尘埃，旁边是两个穿着宇航服的人偶。在新馆中，LM-2不再与指挥舱一起展出，

登月舱“换肤”

美国国家航空航天博物馆的建筑师和设计师没有考虑到登月舱底部的卡普顿覆盖层在强光照射下会迅速降解，而建筑的东侧刚好光照充足。早在1977年，也就是登月舱入驻新馆一年之后，博物馆就发现需要定期更换损坏的覆盖层。

在航天飞行中，格鲁曼公司的工程师在登月舱下降段的外露表面覆盖了由非常薄的铝化聚酯薄膜组成的特殊结构外罩，外层是各种厚度的铝化卡普顿膜，厚度取决于预期暴露于太阳热度和发动机排气的程度。杜邦公司生产的聚酯薄膜强度大、重量轻。杜邦公司将聚酯薄膜与铝进行层压，以增加热反射，然后作为登月舱的外罩。同样由杜邦公司生产的卡普顿是一种聚酰亚胺薄膜，能够承受500华氏度到750华氏度的温度波动。由于重量限制，所使用的材料必须尽可能纤薄。

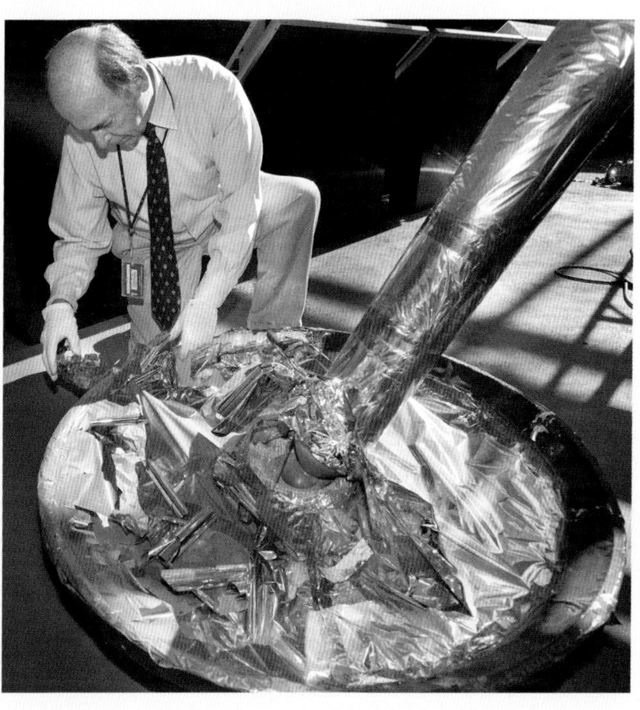

在2009年“阿波罗”11号40周年纪念之前，美国国家航空航天博物馆“阿波罗”计划策展人艾伦·尼德尔在卡普顿更换计划中将支撑脚衬垫上因强光而损坏的卡普顿移除（来源：美国国家航空航天博物馆）

在博物馆中作为“鹰”号替代品展出的LM-2没有受到太空的实际损害，所以技术人员在它上面加了一层聚酯薄膜和一层卡普顿，或者为了视觉效果只加了一层卡普顿。1984年进行了首次“换肤”。格鲁曼公司的技术人员来到博物馆，用卡普顿覆盖的塑料布替换登月舱东侧原来的外罩。幸运的是，登月舱西侧的卡普顿外罩没有受到阳光直射，一直保持着相对良好的状态。格鲁曼公司在现有已经非常薄的支撑腿衬垫上增加了一层橙色卡普顿。支撑腿上颜色稍深的卡普顿已经严重损坏，必须移除并更换。

2009年，为了纪念“阿波罗”11号40周年，博物馆聘请了保罗·菲尔德，他是“阿波罗-联盟”号计划期间美国国家航空航天局聘请的官方艺术家，也是登陆舱外观方面的专家。为了避免大量拆卸和组装登月舱结构，菲尔德建议制造四个带有挂钩的轻型铝格，不需要在东西两侧的下降段舱壁上钻孔就可以简单悬挂。然后，可以通过在铝格上覆盖更大的新卡普顿薄膜重现“鹰”号的外观，这样在视觉上更加精确。他的团队使用不同厚度的镀铝卡普顿箔覆盖登月舱，包括支撑腿和衬垫。

登陆舱着陆训练

1964 年，美国国家航空航天局德莱顿飞行研究中心的登月研究飞行器正在飞行。在转移到休斯敦的美国国家航空航天局载人航天中心进行宇航员训练之前，登月研究飞行器在德莱顿进行了严格的测试（来源：美国国家航空航天局）

由两人驾驶的登陆舱需要一套独特的驾驶技能。发动机可以通过双手控制器控制，通过“主导航和制导系统”发送命令，或者在紧急情况下，通过它的备份、“中止制导系统”发送命令。在着陆任务中主要负责监控系统的指挥官和登月舱驾驶员需要操纵一组完全相同的控制杆。每个宇航员的右侧都有一个姿态控制组件，用于控制飞行器的旋转（俯仰、偏航和翻滚），左侧是推力/平移控制器组件，用于改变水平和垂直速度。在“阿波罗”9 号和 10 号任务中，宇航员们练习了操纵、分段和登月舱与指挥舱对接，但在地球失重或月球轨道的环境中是不可能练习登月的。

航空系统公司设计了“月球着陆研究飞行器”，用于测试、研究和模拟登月舱方法和着陆。该飞行器的第一次飞行是 1964 年 10 月 30 日，在加利福尼亚州爱德华兹空军基地的美国国家航空航天局德莱顿飞行研究中心。铝桁架的月球着陆研究飞行器被亲切地称为“飞行的试验台”，它搭载一名宇航员进行了大约十分钟的模拟登陆舱飞行。飞行器有一个安装在垂直框架上的喷气发动机，将月球着陆研究飞行器提升到所需的高度。一旦到了高空，为了模拟月球重力作用下的行为，发动机会被节流，飞行器就会以其实际重量的 1/6 运动。在这一阶段的训练任务中，操作员使用登月舱上控制装置的模拟器，使用两个大型过氧化氢推进器控制垂直速度，使用 16 个较小的推进器控制俯仰、翻滚和偏航。

尽管登月研究飞行器成功飞行了 200 次，但它只是一种测试飞行器，在操作上很难控制。1968 年 5 月 6 日，尼尔·阿姆斯特朗驾驶的登月研究飞行器在大约 200 英尺的高空剧烈地向前倾斜。阿姆斯特朗无法使用推进器修正俯仰，被迫启动了登月研究飞行器的弹射机制。飞行器坠落并烧毁。阿姆斯特朗跳伞后安全着陆，除了自己咬了一下舌头以外没有受其他伤。

在整个“阿波罗”计划中，所有的任务指挥官和登月舱驾驶员都驾驶过登月研究飞行器或登月训练器，但仅出现过两起事故。尽管在测试中出现过事故，但尼尔·阿姆斯特朗后来能够驾驶“鹰”号在月球上安全着陆，在很大程度上归功于他在登月研究飞行器上进行的 30 多次飞行练习。

1979 年“阿波罗”11 号十周年纪念新闻发布会上，迈克尔·柯林斯、尼尔·阿姆斯特朗和巴兹·奥尔德林坐在 LM-2 前（来源：美国国家航空航天博物馆）

而是与“徘徊者”号、月球轨道飞行器和“勘测者”机器人航天器的工程备用版本放置在一起。这些着陆器用于拍摄月球的照片并测试月球表明是否适宜着陆。

1976 年 7 月 1 日，杰拉尔德·福特总统在新美国国家航空航天博物馆开幕典礼上主持剪彩仪式，数千名参观者蜂拥而至。美国国家航空航天博物馆目前仍然是世界上参观人数最多的博物馆之一，登月舱也依然是建筑东侧最引人驻足的一件展品。1979 年 7 月，美国国家航空航天博物馆为纪念“阿波罗”11 号登月十周年举办了一场大型活动。前博物馆馆长迈克尔·柯林斯在登月舱前与曾经一起踏上月球的伙伴巴兹·奥尔德林和尼尔·阿姆斯特朗合影留影。这个传统一直延续到之后每次的“阿波罗”11 号周年纪念活动。

美国国家航空航天局和格鲁曼公司制造 LM-2 的初衷是将其作为测试工具，在“阿波罗”11 号成功之前的几个月里，工程师们用它进行了许多重要测试。40 多年来，LM-2 一直作为“鹰”号的替代品展出。从大阪开始，然后在艺术与工业大楼，最后是美国国家航空航天博物馆，已经有近 2 亿的游客参观、拍摄和体验了 LM-2。LM-2 具有重要的历史意义，不仅因为它是一项成功的航天技术，还因为它已经成为一个文化符号。美国希望全世界知道，美国的宇航员代表全人类登上了月球，史密森尼学会将继续保存并展示 LM-2，以便人们能够了解人类历史上的这一关键时期：两个人第一次踏上另一个世界。

——亨特·霍林斯，艾伦尼德尔

LM-2 规格说明

制造商：纽约贝斯佩奇格鲁曼飞机工程公司
高：22 英尺 11 英寸（6.98 米）
宽（下降段）：14 英尺 1 英（4.29 米）
宽（两个支撑腿衬垫之间）：31 英尺（9.45 米）
重量（无燃料时）：8500 磅（3855 千克）
宽（乘员舱）：7英尺8英寸(2.34米)
长（乘员舱）：3 英尺 6 英寸（1.1 米）
高（乘员舱）：9英尺3英寸（2.83 米）
下降发动机推力：10125 磅（45040 牛）可节流
上升发动机推力：3500 磅（16000 牛）

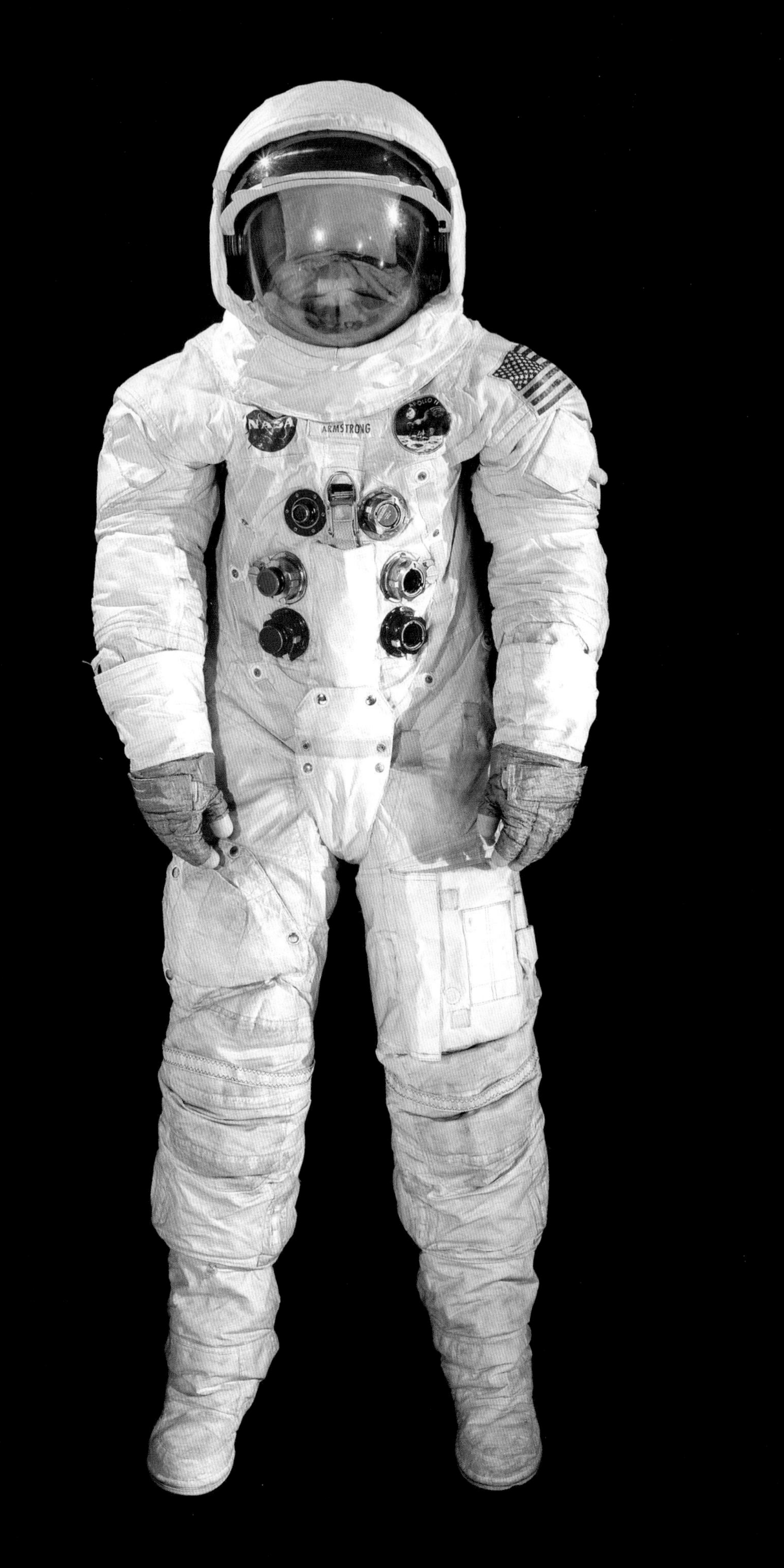
NASA
ARMSTRONG

“阿波罗”A-7L宇航服是首个能够让人类在飞船外部自由探索另一个世界的机械装备。尼尔·阿姆斯特朗的定制宇航服最初只是一个工程概念，在许多人的努力下变成了各种复杂部件的组合。然后，宇航服随着阿姆斯特朗登上月球，在返回地球后进行了严格的测试，测试出的性能结果为下一代宇航服设计师提供了重要参考。此时，这件宇航服俨然已经成为“阿波罗”计划胜利的一个国际标志。这件宇航服给人们留下的最深刻印象应该是1969年7月20日来自月球表面的直播。在临近人类登月50周年之际的今天（译者注：本书原著在2019年出版）也可采取其他方式处理，但该展品仍然是载人航天飞行科学和历史研究的宝贵资源。

第一次月球漫步的准备工作经过了精心策划。在登月3小时后，尼尔·阿姆斯特朗开始准备离开登月舱。在之前的排练中，准备工作仅需要两小时，但阿姆斯特朗和他的副驾驶巴兹·奥尔德林都非常清楚当时的处境。他们感觉自己就像两个穿着防护服在小帐篷里四处走动的足球后卫。登月舱的外罩非常薄且四周封闭。由于月球引力只有地球引力的1/6，这两个人带着自己在地球上重达189磅（86千克）的身躯，不自然地移动。

全部组装完成后的尼尔·阿姆斯特朗的宇航服，在美国航空航天博物馆展出了近30年（来源：美国国家航空航天博物馆）

第六章

尼尔·阿姆斯特朗的A7-L宇航服

电视画面显示的是尼尔·阿姆斯特朗第一次踏上月球表面的画面，他跪在地上，小心翼翼地退到舱外的平台上，顺着梯子往下走（来源：美国国家航空航天局）

阿姆斯特朗、巴兹·奥尔德林和迈克尔·柯林斯穿着“阿波罗”11号的宇航服走向发射台（来源：美国国家航空航天局）

他们尤其能够感受到后背上，从肩膀一直到臀部的个人生命支持系统背包。在驾驶舱内，很容易不小心撞到开关和控制装置。作为指挥官，阿姆斯特朗在登月舱中左手的位置（从内部看），最方便打开向后侧开门的方形舱口。驾驶舱内没有足够的空间让两人轻易交换位置。很久之前美国国家航空航天局高管就已经认定阿姆斯特朗是第一个登上月球的人选。

对于数百万观看过“阿波罗”11号登陆和人类第一次踏上月球的人来说，尼尔·阿姆斯特朗穿着白色宇航服的印象永远留在了他们的脑海中。黑白电视传输的强烈对比使登月舱下的阴影暗度增加。宇航服的褶皱和照片中“鬼影”般的阴影凸显了月球行走的尴尬。公众对“阿波罗”宇航服最直接的记忆，只是在电视上看到的那几小时的摇摇晃晃的样子，而宇航服背后凝聚的几十年来设计师们的心血却鲜为人知。阿姆斯特朗在离开登月舱和在月球上走动时，都非常小心，完全没有了四天半前他和队友们穿着宇航服走向发射台时昂首阔步的样子。

在地球大气层和重力作用下，“阿波罗”11号宇航员走向运载火箭的场景看起来与普通人的预期相差无几。而登月直播时公众的第一反应是宇航服笨重又怪异。人们将这种笨拙的印象归咎于宇航服的尺寸。主要承包商国际乳胶公司和美国国家航空航天局载人航天中心第一时间回应了人们关于“笨重”的评论，详细解释了宇航服在真空中完全加压时具有相对柔韧性和灵活性。这也是两个组织首次合作向公众介绍这款由21层材料制造而成的宇航服。他们简化了对宇航服结构的介绍，而详细说明了为什么在地球上看起来柔韧舒适的宇航服在月球表面穿着会变得僵硬和难以移动。

阿姆斯特朗和奥尔德林在月球上的两小时40分钟只是A7-L（A=阿波罗，7=第七版，L=国际乳胶公司）宇航服生命中的一个篇章。1961年，肯尼迪总统宣布登月计划后不久，这款宇航服就开始了它史诗般的旅程。将人类送上月球需要重大技术进步，包括改进当前宇航服的工作原理以及宇航员在太空中如何操作的概念。但完成这项任务的时间只有八九年，技术人员和工程师不得不将前半个世纪取得的成果压缩，在短短几年内完成重大技术发展。1962年，美国国家航空航天局宣布开始招募宇航服制造商后，各大公司开始大展身手。九个团队为“阿波罗”制造了宇航服样品。伴随着“阿波罗”计划的官僚斗争，宇航服设计的竞争也日趋激烈。美国国家航空航天局、各大公司和各军种必须迅速决定最适合宇航员在月球表面穿着的宇航服。

第一个挑战是确定宇航服需要满足哪些功能。“水星计划”的宇航服是一种救援服，如果太空舱的生命维持系统失灵，宇航服就会充满氧气。“双子星”的宇航服主要在发射和进入过程中发挥作用，与此同时，在舱外活动过程中肩负着私人航天器的任务。在为期十四天的“双子星”7号任务中，宇航员穿的是特制的柔软宇航服，可以在飞行中脱下，因此这种宇航服显然不能长时间作为工作服使用。“阿波罗”宇航服必须既能够作为在发射和进入时穿着的救援服，也能够作为真正的宇航服，容易穿脱，以便宇航员在需要时更换衣服。美国国家航空航天局最初的计划是制作两种类型的宇航服，第一种用于地球和月球轨道任务，第二种用于在月球上行走。这种职能分开的宇航服概念模仿北美航空公司在制造“阿波罗”飞船时采用的“模块Ⅰ”和“模块Ⅱ”概念，这样做是为了加速“阿波罗”硬件的轨道测试。最终，“模块Ⅰ”的最初宇航服设计主要基于“双子星”计划的经验，假设飞船外的操作只在地球或月球轨道上进行。

在所有“模块Ⅱ”宇航服原型中，美国国家航空航天局的工程师、技术人员、宇航员和航天器设计师倾向于选择来自特拉华州多佛一家小公司制造的样品。这家公司名为国际乳胶公司特殊产品部。特殊产品部在发展壮大后脱离了公司的主要塑料生产业务，如女士内衣、橡胶手套等。实际上，国际乳胶公司特殊产品部之前就已经参与到宇航服的竞争中。在20世纪50年代末，该公司为美国空军的一项高空项目设计了一款宇航服。这款宇航服的设计模仿了之前箭头公司的一款压力服。海军曾经提出设计出一款能够与古德里奇公司“马克”相媲美的宇航服。箭头公司设计的“马克”压力服在主要连接处采用“蠕虫式”设计，解决了关节活动的问题。蠕虫式关节设计可以使宇航服内的空气移动位置，当关节的一侧扩张时，另一侧就会收缩。海军飞行员并不喜欢箭头公司的设计，因为蠕虫式关节由硬塑料制成，经过几小时的驾驶后会令人感到非常不舒服。空军拒绝了国际乳胶公司设计的宇航服，但接受了他们对X-15头盔的投标。

托马斯·斯塔福德在“阿波罗”204火灾之前用于“阿波罗”计划训练的A1-C宇航服（来源：美国国家航空航天博物馆）

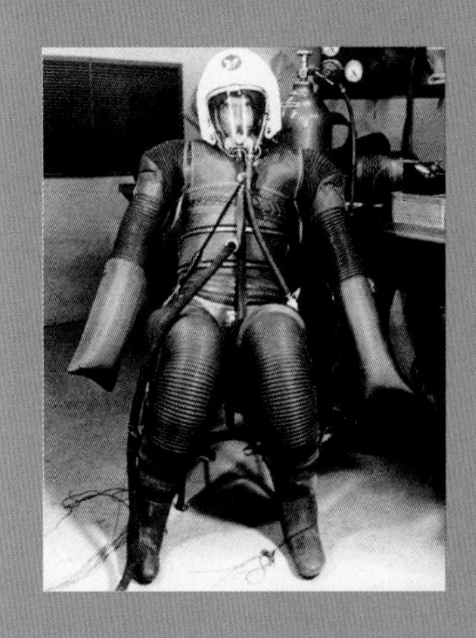

国际乳胶公司特殊产品部开发的压力服，于20世纪50年代交付给美国空军（来源：国际乳胶公司）

保护：为了继续保存50年

从显微镜上看，右边手套护腕上的黑点由凸起、修复痕迹和月球尘埃造成（来源：美国国家航空航天博物馆）

2006 年，美国国家航空航天博物馆将尼尔·阿姆斯特朗的宇航服及其组件从展览中撤下。馆长和管理员们早就发现宇航服开始出现变质的迹象，这不仅仅是长期展览的结果。包裹在橡胶垫片周围的黄铜拉链已经开始腐蚀，经常会在开合时卡住。即使小心翼翼地移动，垫圈本身也已经损坏，甚至开始剥落。

热微流星体服的各层开始互相摩擦，已经可以听到嘎吱嘎吱的声音。在重力作用下，长期低温储藏的宇航服开始变平。宇航服表面偶尔会出现新的污渍，这表明内部的聚氯乙烯管破裂，导致盐酸泄漏。在为“阿波罗”的宇航服设计最佳储存条件时，人们优先考虑的是阿姆斯特朗的舱外活动套组，希望能够保护好这一“国家宝藏”。

在 2006 年之前的十年里，文物保护人员对这件宇航服进行了两次检查。他们得出的结论是，与其他宇航服相比，这件宇航服的状况非常好，因为这件宇航服没有被频繁地从一个展览转移到另一个展览。宇航服多层的设计保留了一定程度的灵活性。1969 年阿姆斯特朗的舱外活动套组返回休斯敦后，美国国家航空航天局听取了史密森尼学会管理员的建议，将其干洗。40 年后，这种化学过程没有造成任何不良影响。但技术人员采取的其他措施在几十年后产生了影响。

当尼尔·阿姆斯特朗于 2012 年去世时，美国国家航空航天博物馆决定在史蒂文·乌德瓦尔 - 哈齐中心展出他的舱外头盔和手套，以此向他伟大的

尽管美国国家航空航天局最初表现出了极大的热情，但在 1962 年的竞标中，九个宇航服样品都未能满足“阿波罗”计划的要求。这些样品存在四个方面的问题，而且不符合美国国家航空航天局提出的轻薄的要求：肩膀太宽，穿着宇航服无法坐上指挥舱座椅；关节和手套缺乏足够的灵活性，宇航员无法在月球表面开展有意义的工作；头盔不具有向下的可视性，宇航员看不到自己的双脚，但在月球行走时这是一个必要条件；所有样品的空气压力损失水平都不可接受并且都存在约束缺陷。所有样品都符合美国国家航空航天局最初使用单独罩衣的构想，但经过测试后发现增加一件外套会使宇航员在穿戴和在飞船内移动时感到不便。

美国国家航空航天局将“模块Ⅱ”宇航服的合同授予了国际乳胶公司特

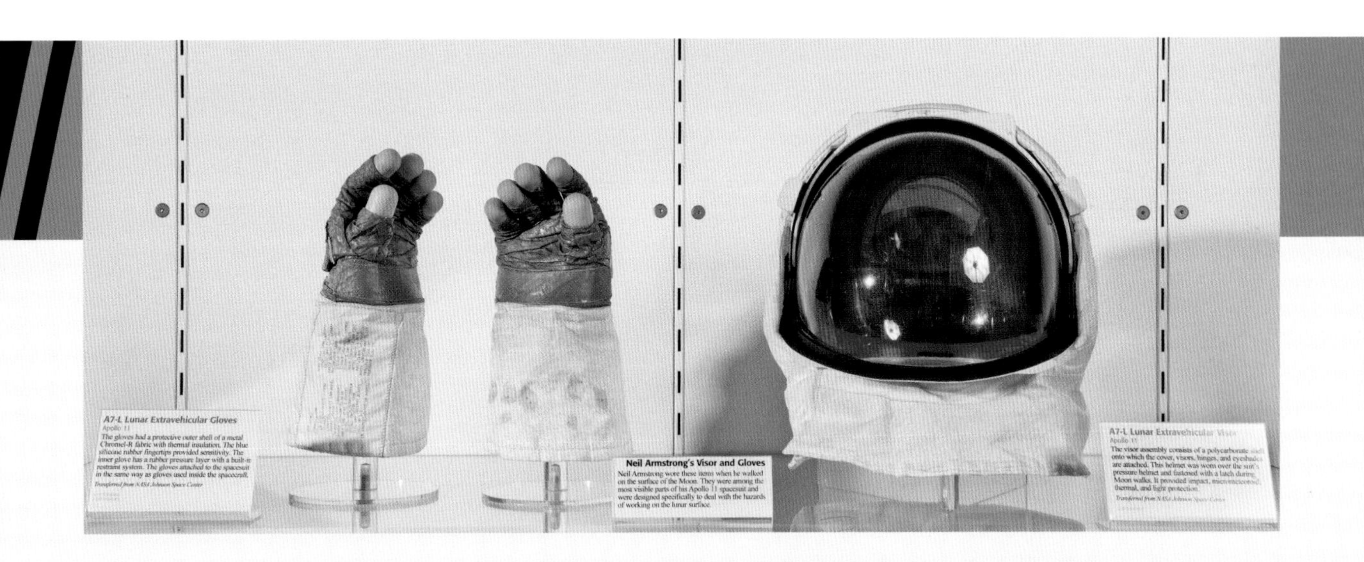

2012 年，阿姆斯特朗的面罩和手套在哈齐中心展出，以纪念这位宇航员的逝世（来源：美国国家航空航天博物馆）

生平致敬。参观者和工作人员立即注意到手套护腕上出现的斑点（和其他预定登月的宇航员一样，阿姆斯特朗有两副手套，一套在舱外使用，一套在驾驶舱内使用）。护腕从热微流星体服延伸出来，覆盖到手腕上，用于保护硬件安全，防止铝在未过滤的月球光线下过热。之前的保护报告中曾提到，在护腕的几个地方发现了一些其他物质。

通过检查之前的保护报告中的照片，博物馆能够确定，美国国家航空航天局技术人员在贝塔布覆盖层上使用的未知涂层已经变暗。在高分辨率显微镜下仔细检查手套，发现了一些新信息。变暗的物质是右侧护腕小凸起下的密封胶。此外，修复涂层下有一些月球尘埃。于是博物馆提出了新问题：为什么只有阿姆斯特朗宇航服右手的部分有凸起而左手没有呢？为什么其他月球漫步者的宇航服没有受到类似的非关键损伤？谁进行了修复，为什么修复？也许未来的研究将能够揭示这些问题的答案。

别产品部，但该公司作为汉密尔顿标准公司的分包商。美国国家航空航天局这样做的理由是，规模较大且更具经验的政府承包商能够更好地满足系统工程要求。美国国家航空航天局希望这两家公司能够集合各自的优势满足要求，但两家公司的合作非常不愉快，双方在设计责任上出现过多次争执，最终于 1965 年结束了合作关系。

国际乳胶公司特别产品部和汉密尔顿标准公司的不欢而散使美国国家航空航天局陷入绝望的境地。1964 年，美国国家航空航天局与大卫・克拉克公司签订独家合同，由该公司制造仅用于地球轨道任务的“模块Ⅰ”宇航服。这为美国国家航空航天局赢得了时间，可以在不影响项目进度的情况下重启月球行走装置的竞标流程。1967 年 1 月 27 日，“阿波罗”发射台起火，

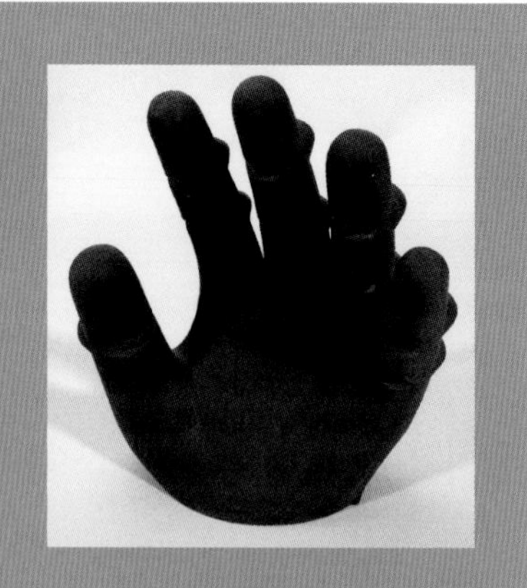

左手手套模具，根据这个模具制成了阿姆斯特朗左手手套。宇航服手套必须紧密贴合，以便宇航员灵巧活动（来源：美国国家航空航天博物馆）

导致宇航员维吉尔·格里森姆、埃德·怀特和罗杰·查菲丧生，美国国家航空航天局的计划也因此遭遇严重挫折。出于安全考虑，美国国家航空航天局重新设计了指挥舱和登月舱的乘员舱，并提高了包括宇航服在内的所有部件的耐火性要求。

火灾和重新设计加剧了月球行走宇航服竞标流程的紧迫性。此时只有三家公司竞标“模块Ⅱ”宇航服的合同：大卫克拉克公司、国际乳胶公司和汉密尔顿标准公司与古德里奇公司团队。国际乳胶公司方案中的设计优势再次脱颖而出，打败了其他竞标对手。这一次，美国国家航空航天局授予国际乳胶公司主要合同，汉密尔顿标准公司作为分包商承担便携式生命支持系统背包和系统集成。1968 年 10 月，从最终承包商筛选到在“阿波罗”7 号任务中首次使用国际乳胶公司的宇航服仅过去了不到两年。仅仅九个月后，这套能够提供生命支持的宇航服就要和宇航员们一起登上月球，所有的一切都必须成功！

尼尔·阿姆斯特朗的宇航服以“天狼星”的代号开始了它的使命。在 1968 年 5 月的一份备忘录中，美国国家航空航天局“阿波罗”支持部门的负责人为“阿波罗”计划宇航员团队的每个成员都分配了代号。这样美国国家航空航天局就可以在正式宣布宇航员和“阿波罗”任务的后备人员之前开始订购宇航服。知道这些秘密代号的人有宇航员办公室、乘务系统部门和宇航服总承包商的负责人。在美国国家航空航天局的命令下，国际乳胶公司开始生产三套符合尼尔·阿姆斯特朗个人尺寸的宇航服。宇航服的内层和外层分开制作，有单独的序号，然后缝合在一起。阿姆斯特朗宇航服内层的序列号是 056，外层是 063。

由于美国国家航空航天局为登月制定了训练、任务和紧急事件三套计划，因此，需要为主要登月成员准备训练、飞行和备用宇航服，为后备人员准备训练和飞行宇航服。必须为每位主要成员制造三套一模一样的定制宇航服，身体测量尺寸必须非常精准，即使是技艺最精湛的裁缝也必须谨小慎微。在宇航服制作完成后，每位宇航员必须接受大量训练，学习如何适应宇航服，将其调整到最舒适、最易移动的状态。宇航服手套由国际乳胶公司根据为每位宇航员的手浇铸的橡胶模制成。定制的宇航服造价昂贵，每套约为 10 万美元，指挥舱每个座位的总花销为 50 万美元。项目后期，由于需要改动和修改，每套宇航服的造价上升到 25 万美元。美国国家航空航天局通过再利用现有的宇航服，节省了一部分成本，否则成本可能要高得多。高昂的成本也反映在了合同要求中，最终合同要求：“阿波罗”宇航服必须使用现有材料制造。因为根本没有时间和经费开发和测试新材料。

必须使用现有材料的要求和火灾后对可燃性的高要求迫使国际乳胶公司将传统上用于飞行员飞行服的材料与其他纺织品相结合，这种组合他们之前从来没有考虑过。杜邦公司等化工企业在第二次世界大战后制造出了一些新型纺织品，试图在新型的城乡经济中占据一席之地。之前只出现在家具家

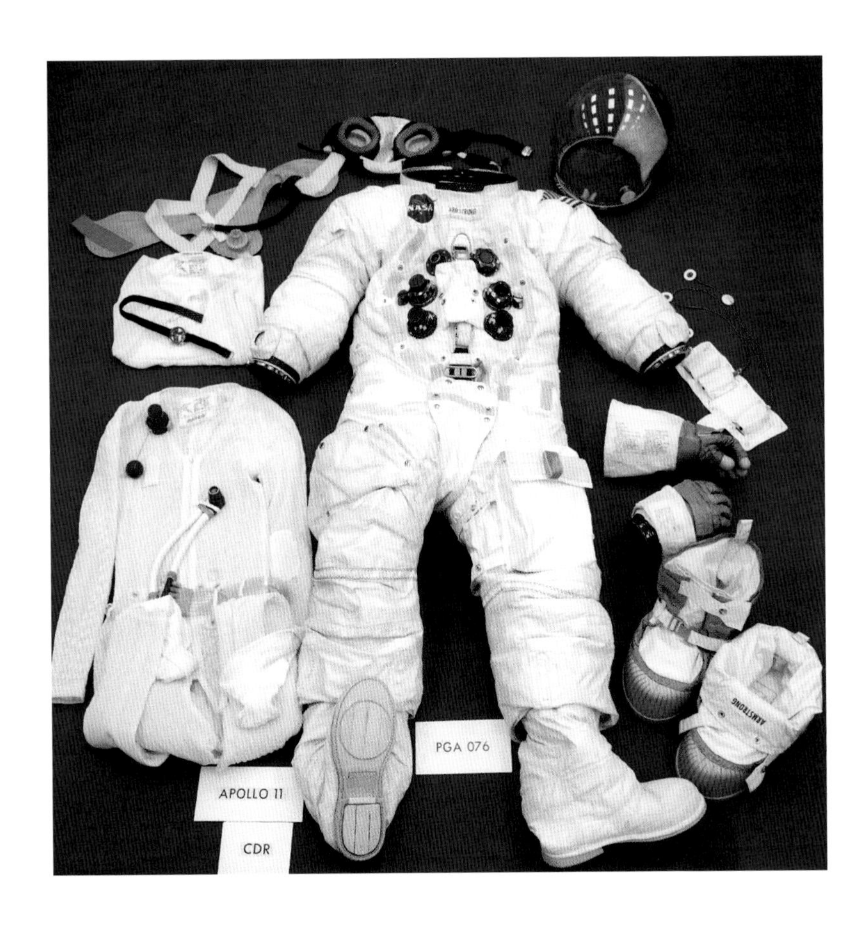

阿姆斯特朗的“阿波罗”11号装备，包括他在月球上行走时穿的所有装备（来源：美国国家航空航天局）

装行业的涤纶、聚酯薄膜、卡普顿、β 白铁矿等材料经过多层、重复组合，可以制成一种防护服，不仅能够阻挡太阳辐射，还可以抵抗以每小时 18000 英里飞行的微流星体造成的温度变化和渗透。

在“阿波罗”计划期间，康宁公司正在推销一种玻璃纤维窗帘，声称这种材料可以耐火。将玻璃纤维用特氟隆包覆就得到了“贝塔布”，这是一种耐火的反光织物，可以裁剪并拼接成外罩，用于保护飞船内和登月后的宇航员。第二次世界大战期间，美国海军研制出一种高铬、不锈钢编织的织物，这种织物具有很强的抗划伤和抗磨损能力。尽管这种材料非常昂贵，但后来美国国家航空航天局还是选择用它保护阿姆斯特朗的背部、手和脚。材料科学家们确信，他们可以将这些织物组合起来，制造“阿波罗”任务的宇航服。但几十年后，美国国家航空航天博物馆的管理员发现，这些材料无法长期共存。

尼尔·阿姆斯特朗的宇航服并不是一个单一物件，而是由许多组件组成，每一个组件都经过了复杂加工。从内到外的整套装备被称为“舱外机动套装”。为了简洁，美国国家航空航天局将套组拆分成 21 个单元，包括两套手套、一件液体冷却服、外部连接器，以及宇航员在舱外活动期间需要的所有检查清单口袋。这 21 个单元中不包括便携式生命保障系统——用于在宇航员未与航天器连接时提供氧气和冷却水，并向地面传输通信和数据。

两顶头盔

阿姆斯特朗的A7-L气泡式头盔可以将空气保存在宇航服内，必须在宇航服密封时佩戴，在月球表面也要佩戴（来源：美国国家航空航天博物馆）

当公众得知尼尔·阿姆斯特朗戴的头盔实际上是两顶时往往感到惊讶。就像两套服装合成的宇航服一样，阿姆斯特朗第一次登上月球时戴的头盔也是两顶。与宇航服不同的是，两顶头盔是分开的，但它们的功能类似。观众在电视上看到的是外部头盔，可以抵御极端温度、太阳辐射和微流星体。在外部头盔里面，阿姆斯特朗还戴着一个由高强度聚碳酸酯制成的透明气泡式头盔，通过红色的颈环与宇航服相连。

美国国家航空航天局工程师詹姆斯·凯恩和罗伯特·琼斯设计了这种气泡式头盔，也叫作压力头盔套组。这种头盔由密封舱公司制造，为宇航员提供清晰、无阻碍的环境视野。佩戴气泡式头盔的宇航员在月球表面行走时也能够看到自己的双脚，这种头盔也非常坚固，足以承受撞击，抵挡划伤，承受宇航服每平方英寸4.3磅的氧气压力。吹制的透明聚碳酸酯外壳与模制的卡口底座连接在头盔颈环上。阿姆斯特朗的颈环由蓝色阳极氧化铝制成。后来的头盔使用红色颈环。由于设计上的差异，这两个版本不能互换。

气泡式头盔唯一可能造成视觉障碍的是通气垫和管道组件，也就是头部后方蘑菇状的灰白色内衬。该组件是为了分散宇航员头部周围的氧气流，减少头盔在温度变化时内部产生雾气的倾向。在阿姆斯特朗脸部左侧是一个硬

舱外机动套装实际上是由两套衣服组成的一套组合，可以覆盖宇航员的手臂、腿和躯干，称为“躯干肢体综合套组”。为了方便，美国国家航空航天局决定将外套和压力服组装，从而得到了这样一个套组。它由一个主要由橡胶制成的压力服装组件层和一个复杂的热微流星体服组成，前者能保持宇航服内的空气，并抑制氧气压力使其膨胀，后者能够保护宇航员免受恶劣的太空环境伤害。在阿姆斯特朗顺着登陆舱的梯子向下爬的过程中，他仔细检查了所有程序，以确保宇航服状态良好，所有组件到位。宇航服可以在月球上作为临时飞船，最后一个步骤是通过位于上半身的蓝红连接器将宇航服与登月舱的氧气系统断开。便携式生命保障系统只有在航天器内的压力降至接近零后才开始在太空的真空中工作。

尼尔·阿姆斯特朗在月球表面穿的大部分宇航服都与他和其他宇航员一起随指挥舱返回了地球。阿姆斯特朗和奥尔德林在月球上行走了几个小时

塑料装置，可以连接到内部颈环。他可以利用这个装置挠或者按压鼻子，以平衡耳道压力。左侧稍高一点的地方，还有一个附在头盔侧面的进料口，里面和外面各有一半，以确保不会意外打开。内部的一半包括一个端口和闸阀，可以用来喝水或吃饭。这个装置加了弹簧，并且在探测器移除时可以密封。

压力头盔之外的一层是月球舱外面罩套组，连接在宇航服的颈部，以遮挡对眼睛有害的太阳紫外线辐射，保持头部和面部的热舒适，还可以抵御微流星体。汉密尔顿标准公司设计并制造了第一个月球舱外面罩套组原型。与此同时，美国国家航空航天局工程师奥凯恩和琼斯设计了一种适用于气泡式头盔的特殊月球舱外面罩。这两种设计非常相似，奥凯恩和琼斯认同汉密尔顿标准公司的观点，在最终设计中必须添加保温材料，以防止阳光温度的变化。面罩套组中包括一顶带有 24k 镀金遮阳板的隔热帽，以阻挡太阳辐射。经过测试，金属的热传导促使他们在 1967 年的设计中增加了一个颈环。由于宇航员拉塞尔·斯威卡特在“阿波罗”9 号的地球轨道测试中发现头盔上出现冷凝物，于是设计师重新设计了月球舱外面罩，增加了一个外壳和一件能够覆盖住颈环的综合热流星服。阿姆斯特朗在“阿波罗”11 号穿戴的头盔就是这种设计。

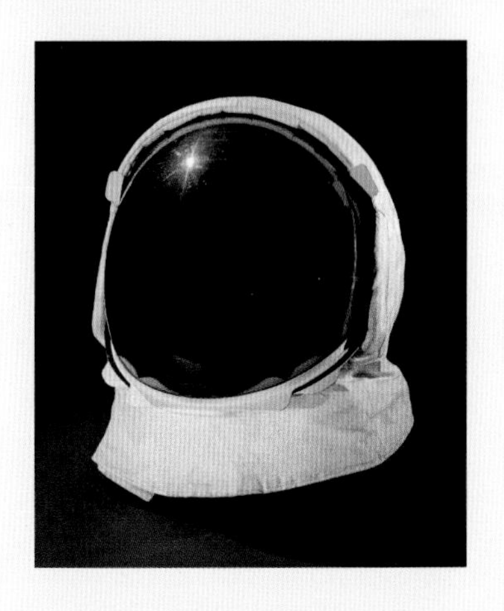

阿姆斯特朗的月球舱外面罩。这是公众印象中阿姆斯特朗的宇航服。面罩与气泡式头盔相连，用于防热和防晒（来源：美国国家航空航天博物馆）

后，他们把月球套鞋和背包扔到了月球表面，减轻了三分之二的宇航服重量，增加了登月舱上升阶段返回母舰的安全裕度。在“哥伦比亚”号的安全环境中，宇航员们不再需要宇航服的保护，在剩余的大部分任务中，他们都穿着更舒适的特氟隆织物飞行服。他们在太平洋登陆后，一个经过特殊训练的潜水队把隔离服交给他们，这种隔离服用于保护地球生命免受“阿波罗”宇航员从月球带回的微生物侵害。阿姆斯特朗、奥尔德林和柯林斯很快换掉了宇航服并将它们留在了“哥伦比亚”号上。“哥伦比亚”号之后搭乘美国的“黄蜂”号航空母舰，被送往休斯敦载人航天中心进行隔离、分析和处理。

第一次检查“阿波罗”11 号宇航服的技术人员主要感兴趣的是这些宇航服的性能如何以及它们在太空中受到了哪些损坏。休斯敦的工作人员和宇航员一起在一个隔离设施内仔细计算了飞行前和飞行后的泄漏值，并且仔细测量了每件宇航服的排气时间和压力时间。由于不可能实现绝对的密封，每件宇航服每分钟会损失超过半盎司的氧气。阿姆斯特朗的宇航服在飞行前的压力损失最低，即使是在完成飞行后，这件宇航服仍然可以在太空中使用。技术人员还从宇航服中提取了月球尘埃样本，并按照史密森尼学会管理员的建议，让国际乳胶公司将宇航服干洗，这是将其作为美国国家航空航天局太空设备的最后一个保护措施。

从左上角开始顺时针方向：

阿姆斯特朗在执行任务期间使用的通信载体组件，绰号“史努比帽”。在他转头的时候，这个贴合他头型的帽子可以保持通信设备不会移动位置（来源：美国国家航空航天博物馆）

阿姆斯特朗的液体冷却服，在密封的宇航服中防止身体过热（来源：美国国家航空航天博物馆）

舱内活动左手手套，在发射和进入时佩戴，在月球表面时佩戴其他手套（来源：美国国家航空航天博物馆）

穿在宇航服下面的一层舒适内衣，用来防止擦伤（来源：美国国家航空航天博物馆）

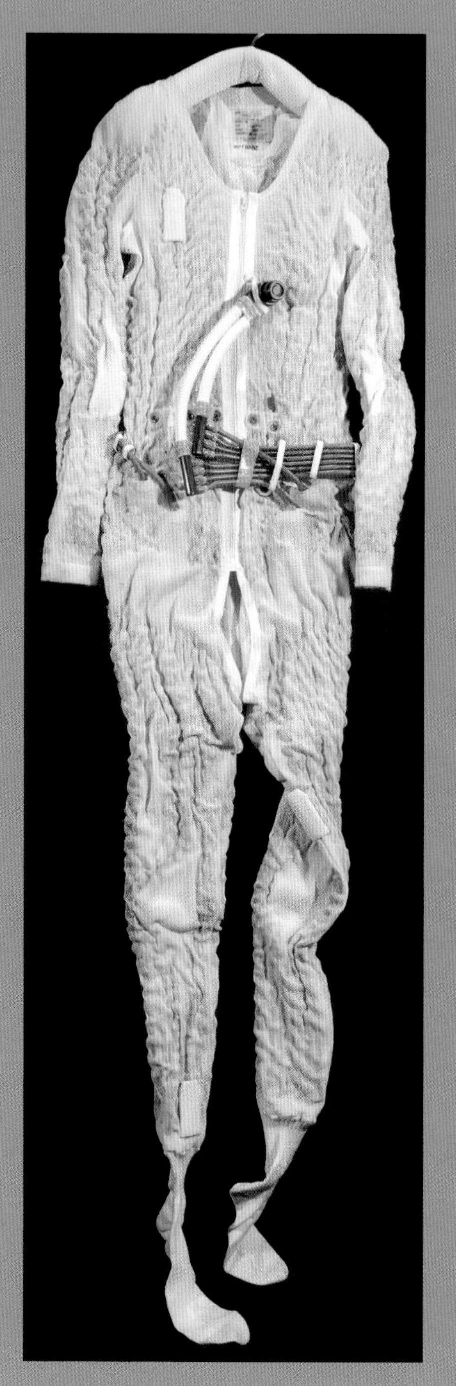

1970年，“阿波罗”11号任务结束后，美国国家航空航天局用一辆货车将“哥伦比亚”号及其相关组件运往50个州的首府巡回展览。尽管各方都认为人类首次登月的文物最终应该在美国国家航空航天博物馆展出，但美国国家航空航天局直到1971年4月巡回展结束后才正式将阿姆斯特朗、奥尔德林和柯林斯的宇航服送到博物馆（柯林斯是“阿波罗”11号指挥舱驾驶员，也是博物馆的新馆长）。阿姆斯特朗和奥尔德林的宇航服到达后，立即在美国国家航空航天博物馆的艺术与工业大楼展出，后来在1976年初时移至博物馆的新馆。其他小部件继续作为美国新闻署和史密森尼学会巡回展览展品，在日本、英国和瑞士展出。

尼尔·阿姆斯特朗的宇航服目前已经不在美国国家航空航天博物馆的“阿波罗登月”展厅展出，但计划在更换展厅后重新展出。在30年的展出中，工作人员定期将宇航服拆下检查，后来出于保护的考虑，工作人员于2006年将这套宇航服放入仓库。这套宇航服曾在月球表面保护过尼尔·阿姆斯特朗，在返回后经历了各种测试，在全国各地展出，已经成为“阿波罗”计划的重要象征。但重力和暴露在阳光与湿度下对宇航服造成了有害影响，各种材料之间也产生了复杂的相互作用。由于橡胶密封气囊等部件的硬化，宇航服在没有加压的情况下变得非常硬。

管理员、策展人、材料科学家和前宇航服建造者绞尽脑汁，希望可以找到保护这一珍贵展品的措施，而不是任其被各种组成材料的相互作用而腐蚀。他们得出的共识是，低而不冷的温度，较低且稳定的相对湿度可以延迟许多不利于长期保存的化学过程。尼尔·阿姆斯特朗的A7-L宇航服不再展出后被放置在博物馆的加伯楼中，在60华氏度和30%的相对湿度环境中存放，目前已经被转移到史蒂文·乌德瓦尔－哈齐中心最新、最先进的储藏设施中。

尼尔·阿姆斯特朗的生物隔离服，为了保护地球免受他在执行任务时带回的月球细菌侵害（来源：美国国家航空航天博物馆）

阿姆斯特朗在不必须穿宇航服时会穿这款飞行夹克（来源：美国国家航空航天博物馆）

阿姆斯特朗的宇航服是由谁制造的？

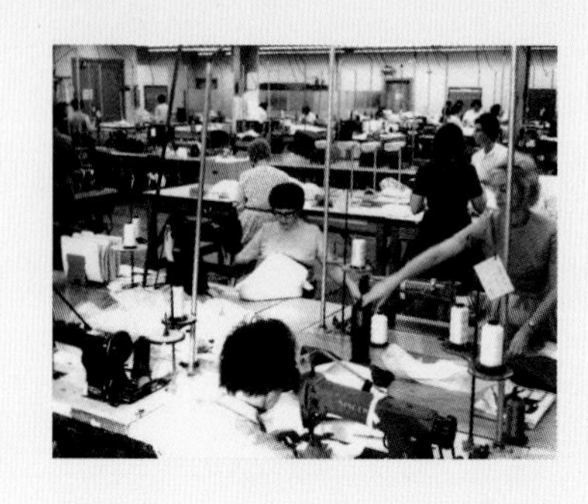

国际乳胶公司的女裁缝在组装“阿波罗”宇航服的纺织部件（来源：国际乳胶公司）

参与过尼尔·阿姆斯特朗宇航服硬件设计和制造的双手与大脑的数量无法计算。对于阿姆斯特朗的宇航服到底是谁制造的这一问题根本无从回答，因为制造过程太过漫长和复杂，宇航服由大量单独的组件组成，只有穿在身上时才成为一个整体。阿姆斯特朗那件深深印入人们脑海中的宇航服实际上是在登月几小时前刚刚组装起来的一台机器。

大多数人以为“阿波罗”A7-L宇航服除了手套和头盔以外的主体部分是一体的。实际上这套宇航服由两个部分组合而成。外层的热微流星体外衣可以保护宇航员免受极端温度、辐射和时速数千英里的微流星体伤害。里层是用于维持生命的压力服。虽然最初的设想是将热微流星体外衣和压力服作为两套单独的套装，但美国国家航空航天局和承包商们很快决定将两者组合起来。

特拉华州多佛市国际乳胶公司的女裁缝团队用缝纫机缝制热微流星体外衣的组件，遵循严格的缝纫长度标准，即使是最顶尖的裁缝也会感到难度颇高。其他团队则用胶水罐和橡胶模板组装压力服，压力服将作为宇航员的一个密封的定制气室。宇航服上的密封件使用的是1965年在拉塞尔·库利指导下，古德里奇公司开发和制造的压力密封拉链。库利曾在20世纪30年代与美国飞行员威利·波斯特合作开发了第一套压力服，他也是首个建议使用“蠕虫”设计的人。蠕虫设计可使局部空气移位，从而增加了“阿波罗”宇航服的灵活性。

位于康涅狄格米尔福德的密封舱公司生产了具有特色的蓝色和红色阳极氧化铝连接器，将手套、头盔和软管连接在一起，形成密封。该公司还生产了聚碳酸酯气泡式头盔，美国国家航空航天局工程师吉米·奥凯恩和鲍勃·琼斯设计了这种头盔，可以让宇航员在月球上行走时毫无障碍地看到自己的双脚。位于温莎洛克附近的汉密尔顿标准公司制造了便携式生命保障系统背包，以便宇航员能够自由探索月球地形。位于马萨诸塞州伍斯特市的大卫克拉克公司制造了通信载体耳机，尼尔·阿姆斯特朗使用该耳机与巴斯·奥尔德林、迈克尔·柯林斯以及休斯敦的任务控制中心保持联系。

在20世纪60年代末不到三年的时间里，这些公司的员工和许多其他人群策群力，共同制造了这个复杂的机器，帮助尼尔·阿姆斯特朗能够在月球上维持生命。他们参考了前人开发航空压力服和太空生命维持系统的经验。尼尔·阿姆斯特朗在“阿波罗”11号任务中所穿的宇航服经过了许多人的双手。为第一套宇航服的技术解决方案做出脑力贡献的人更是不计其数。

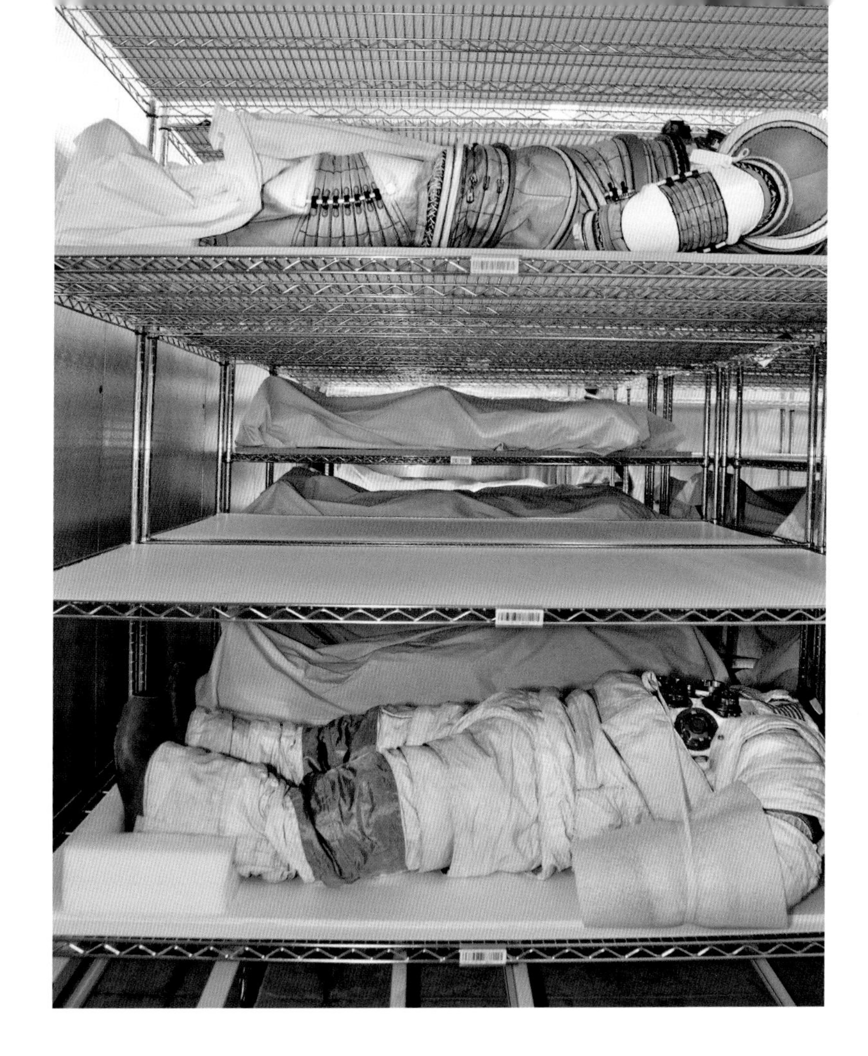

史蒂文·乌德瓦尔-哈齐中心的宇航服储藏室。前面是先进的“阿波罗”EX1-A和B1-A宇航服（来源：美国国家航空航天博物馆）

这并不是尼尔·阿姆斯特朗宇航服故事的结尾。保存一件艺术品却不再向公众展示它有什么意义呢？通过先进的化学分析和成像技术，管理员、材料科学家和策展人正在探索展示和继续保存这套宇航服的新方法。有朝一日，我们的世世代代一定能够欣赏到这一伟大的科技成就。

——凯思琳·刘易斯

规格说明

制造商：国际乳胶公司（主要承包商）；汉密尔顿标准公司（分包商、系统集成商、便携式生命保障系统制造商）；密封舱公司、大卫克拉克公司（组件承包商）

高：66 $\frac{15}{16}$英寸（167.6厘米）

宽：20 $\frac{5}{8}$英寸（50.8厘米）

深：11英寸（27.9厘米）

重（空）：56磅（25.4千克）

留在月球上的：

月球套鞋

长：13英寸（33厘米）

宽：7英寸（17.8厘米）

深：7 $\frac{3}{4}$英寸（19.7厘米）

便携式生命保障系统

高：38英寸（94厘米）

宽：22英寸（55.9厘米）

深：10英寸（25.4厘米）

重（空）：125磅（56.7千克）

1973 年 5 月 14 日，美国国家航空航天局将天空实验室送上太空，这次发射没有像之前几次那样大张旗鼓地宣传，也没有铺天盖地的媒体报道。诚然，天空实验室不像登月那样象征着人类迈出的一大步，但却是重要的下一步。天空实验室是美国的临时空间站，主要由“阿波罗”计划的组件组装而成。1972 年 12 月“阿波罗”计划最后一次登月后，美国国家航空航天局的载人航天计划仍然是公众关注的对象。天空实验室的三次载人飞行任务连续创造了飞行时间（28 天、29 天和 84 天）、飞行距离和太空行走时间的纪录。更重要的是，天空实验室证明了人类可以在近地轨道失重的环境中长期生活、工作和开展有意义的研究。

由于苏联早在两年前就已经将“礼炮”号空间站送入轨道，美国国家航空航天局只得将天空实验室吹捧为“美国的首个空间站”。天空实验室实际上更像是天文台和太空实验室的组合，而不是真正的空间站。美国国家航空航天局的许多人认为，真正的空间站应该是月球和火星的“大本营”。奇怪的是，这个现在看来如此理所应当的项目当初竟然没有出现在美国国家航空航天局项目指定委员会考虑的 100 条建议中。有人认为天空实验室的名称灵感来自海军早期的“海底实验室”计划，但美国国家航空航天局在 1970 年

天空实验室（Skylab） 第七章

正式使用这一名称，并且声称这样命名是当时在美国国家航空航天局服役的空军官员唐纳德斯·蒂尔曼的决定。

天空实验室成员共三名，包括一名拥有医学、工程学或科学博士学位的“科学家飞行员”，所有宇航员都接受了相关科学学科和观测技术的强化训练。天空实验室的太阳观测站叫作“阿波罗望远镜”，该装置能够以前所未有的灵敏度和分辨率研究太阳物理学。天空实验室的地球资源实验套组是一套指向地面的遥感仪器。但天空实验室最重要的科学贡献是研究人体在太空环境中如何反应。

尽管科学界最初持怀疑态度，但事实证明，天空实验室的宇航员们能够因地制宜地观测，谨慎运行复杂的实验设备，偶尔发生故障时还可以自行修理。宇航员们对意想不到的机会充满热情，比如观察新发现的科霍泰克彗星绕太阳旋转。天空实验室的宇航员收集了大量关于太阳磁场、地球海洋和天气模式以及人类在零重力环境下适应能力的数据，有力地证明了人类在太空中不仅是优秀的科学家和驾驶员，在有些情况下做出的贡献比精密的卫星要

1974 年 2 月 8 日，第三组宇航员在最后的环绕检查中告别了天空实验室。可以看到主太阳能电池板的一侧缺失，临时遮阳伞和双杆遮阳伞仍然清晰可见。阿波罗望远镜配备单独的太阳能电池板，位于轨道工作室上方（来源：美国国家航空航天局）

为三组主要天空实验室成员在发射前制作的拼贴画。从上开始逆时针方向分别是天空实验室2号、3号和4号的三组宇航员。“阿波罗”指挥服务舱在最左边，紧接着是顶部装有阿波罗望远镜的多对接适配器、气密舱、仪表单元和轨道工作室。这里显示了原始的图案，也就是在发射事故中，防护罩和一侧的太阳能机翼被撕裂之前（来源：美国国家航空航天局）

多。天空实验室的价值是无法估量的，它为后来的航天飞机研究实验室和国际空间站奠定了基础。

在经历了“阿波罗”计划的辉煌岁月后，美国国家航空航天局面临一个紧迫的问题：如何将登月积累的经验和资源转向新方向，以吸引对太空竞赛高昂成本越来越不抱幻想的美国公众？天空实验室是他们得出的暂时性方案。美国国家航空航天局一直警惕着预算紧缩的威胁，从项目之初就考虑以创造性方法利用“阿波罗”计划中留下的硬件和能力。轨道实验室或观测站是他们很早就想到的一个选择，一些研讨会和设计可行性研究已经以此为主题进行了讨论。如果使用现成组件，“土星”运载火箭的上面级可以改造成一个“轨道工作室”，这样成本相对较低并且实施速度也较快。改造有两种方法，一种是在废弃的氢燃料级火箭抵达轨道后将其改造（湿选项），另一种是在地面上装配完成后再送入轨道（干选项）。

1966年夏天，美国国家航空航天局局长、工程师乔治·米勒提出“集群概念”，他的设想是将“阿波罗”的各种组件，包括指挥服务舱、多个对接适配器、气密舱、阿波罗望远镜和轨道工作室匹配和混搭，以25亿美元的廉价预算改造成一个合适的天空实验室。随着“阿波罗”计划的结束，天空实验室获得了最后一批“土星”5号火箭中的一枚。该火箭的动力和有效载荷足以将一个装配齐全、重达100吨的天空实验室直接送上轨道，这样就免去了在太空中零散组装的麻烦。天空实验室的设计也被改成了一个没有发动机的三级装置。

美国国家航空航天局之前任务的持续时间相对较短，很少关注可居住性，即涉及睡眠、饮食、锻炼、娱乐和家务活动的住所。由于天空实验室每次可以为工作人员提供几周甚至几个月的服务，因此合理的便利和舒适程度能够营造出更加高效的工作环境，减少紧张氛围。宇航员本身对居住性的要求并不高，因为他们之中大多是退役的部队飞行员。美国国家航空航天局考虑到未来可能会出现更长时间的太空飞行，于是向著名工业设计师雷蒙德·洛伊威征求意见。

在洛伊维的建议下，美国国家航空航天局重新设计了天空实验室：圆柱形的轨道舱长 48 英尺，直径 22 英尺，分为两层，由一个开放的金属栅格隔开。金属栅格是由一些小三角形组成的网格，设计成这样是为了让宇航员用特制的夹板将自己固定在鞋子上，就像骑自行车的人将脚固定在踏板上一样。地板和轨道舱的墙壁也采用类似的网格设计，还安装了握柄和把手，方便宇航员在零重力环境下移动。较低的一层是生活区，有卧室、厨房、餐厅或军官室，宇航员可以从洛伊威设计的“地球观测窗”往外看，还有一个用于个人卫生的废物管理隔间、一个可拆卸的淋浴间和一个用于生物医学实验的区域。上层是空间更大的前舱，这里有冰柜、食品和水储存舱、防护膜保险库、用于存放研究设备的房间，以及通往气闸的通道。在生活区下方，一个没有使用过的空液态氧气罐被用来充当天空实验室的垃圾桶，配有一个方便但有时也很难用的垃圾处理气锁。在取电方面，天空实验室主要依靠两个相互连接的太阳能电池板阵列，也就是安装在轨道舱两端的一对长 30 英尺的“机翼”，另外四个更长、更窄的太阳能电池板像风车叶片一样安装在阿波罗望远镜上。每一组硅太阳能电池可以产生 4000 瓦的电能，既可以即时使用，也可以用于电池充电。太阳能电池板配有铰链，在发射前可以折叠收起，发射后可以打开在轨道上部署。

在地球上很容易做到的事情在太空中往往变得异常困难，而在地球上很难做到的事情在太空中则变得简单而有趣。例如，穿鞋和袜子需要消耗大量的腹部肌肉。另外，普通人也可以掌握马戏团的杂耍技能。宇航员们很快发现，一些在地面上看起来很合理的想法在太空中根本无法奏效。本来为了方便设置和使用的可拆卸淋浴花费了宇航员很长时间，

轨道舱剖面图，显示的是两个甲板之间的主要舱室，包括实验区、存储设施、环境控制和废物处理系统。微流星体防护罩（最右边）在发射过程中脱落（来源：美国国家航空航天局）

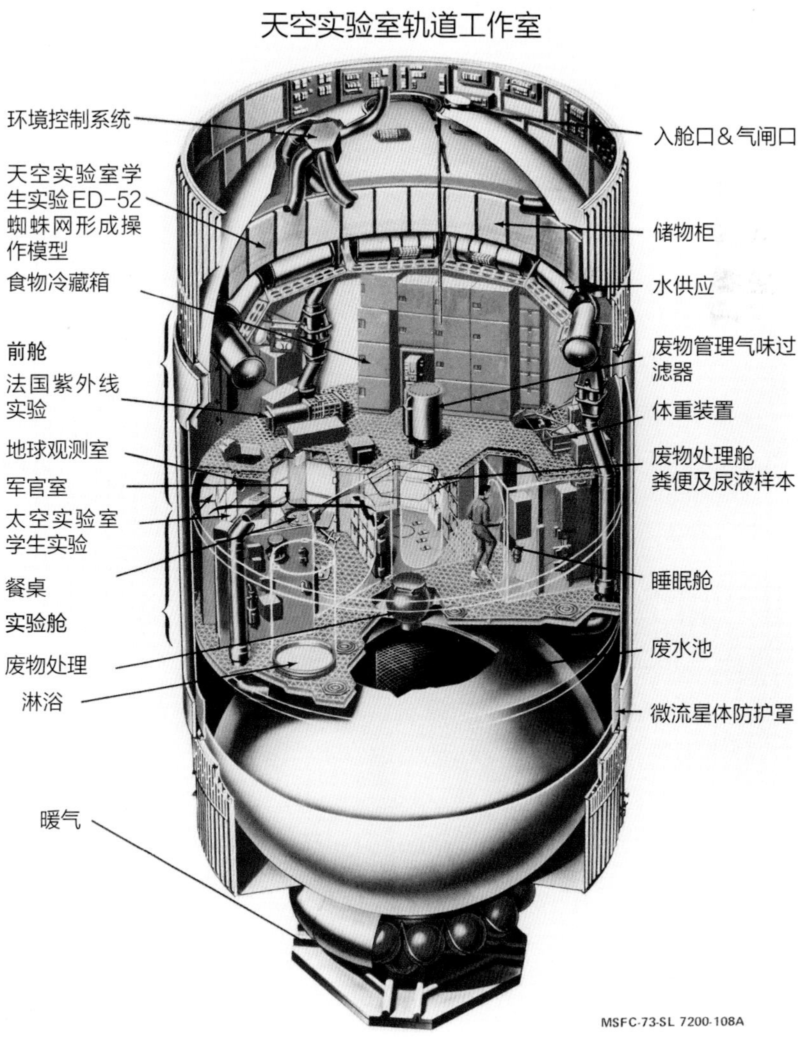

天空实验室轨道工作室

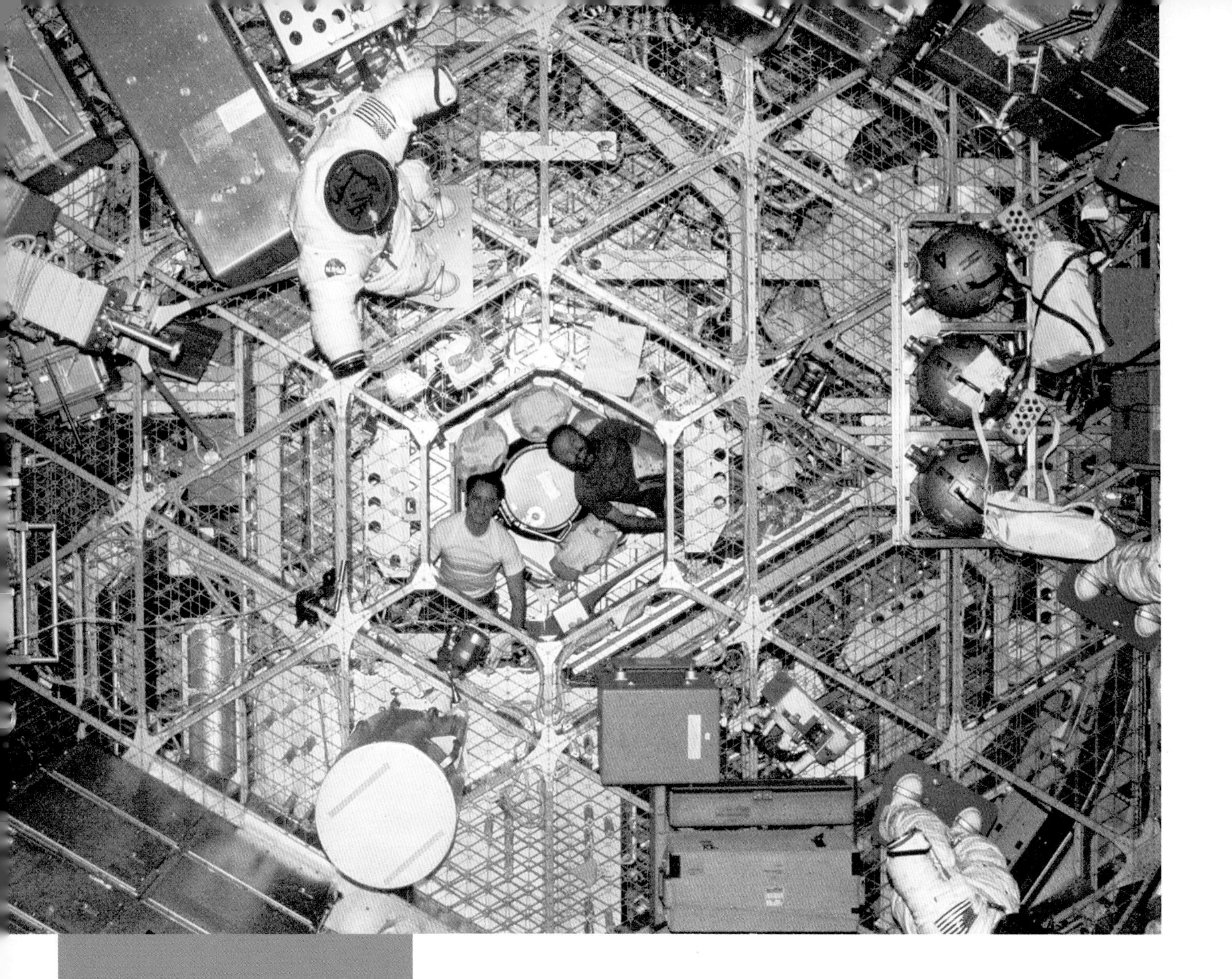

宇航员爱德华·吉布森和威廉·波格（天空实验室4号）在轨道舱的下层透过晶格层的六角形开口向上看。上层的宇航服已经为太空行走做好准备（来源：美国国家航空航天局）

实用性很低，最大的价值是留下了一些珍贵且有趣的照片。每位宇航员都可以选择他们喜欢的菜单，这一点与早期任务相比是一个较大改进。然而在地面上美味的食物在低压空气中失去了味道和美好的外观，没有香气的食物，吃起来味同嚼蜡。

在失重状态下把食物从盘子里送到嘴里需要练习。必须时刻保持警惕才能确保小物件不会到处飘移。宇航员们对魔术贴的运用已经到了登峰造极的地步。打开的抽屉或橱柜随时都可能搞得东西“满天飞”，当所有东西都飘走时，就会变成一场捉迷藏游戏。但迟早所有没找到的东西都会出现在通风系统的进口滤网上。舱内的低压、氧气和氮气环境导致对话距离被限制在15英尺左右，因此对讲机必不可少。但也有好的方面，失重对睡眠大有裨益。床或床铺都毫无意义，宇航员们把自己塞进睡袋里，每个人都在自己的私人隔间里，不管朝哪个方向睡都很舒服——有人头朝上，有人头朝下，还有人像在吊床上一样伸展。

宇航员们学会了以惊人的速度灵巧地在天空实验室内移动，他们发现那些立柱、把手和扶手不仅没有帮助，反而成了障碍物。也许未来宇航员可以

欧文·加略特在卧铺里系好安全带，拉紧了拉链。每位宇航员都有一个私人隔间。在失重的环境中，一些人选择直立睡觉，一些人则倒挂着睡，大家会选择自己觉得最舒服的姿势（来源：美国国家航空航天局）

爱德华·吉布森在军官室准备晚餐。在失重状态下，椅子毫无意义。受宇航员欢迎的圆形地球观测窗暂时关闭（来源：美国国家航空航天局）

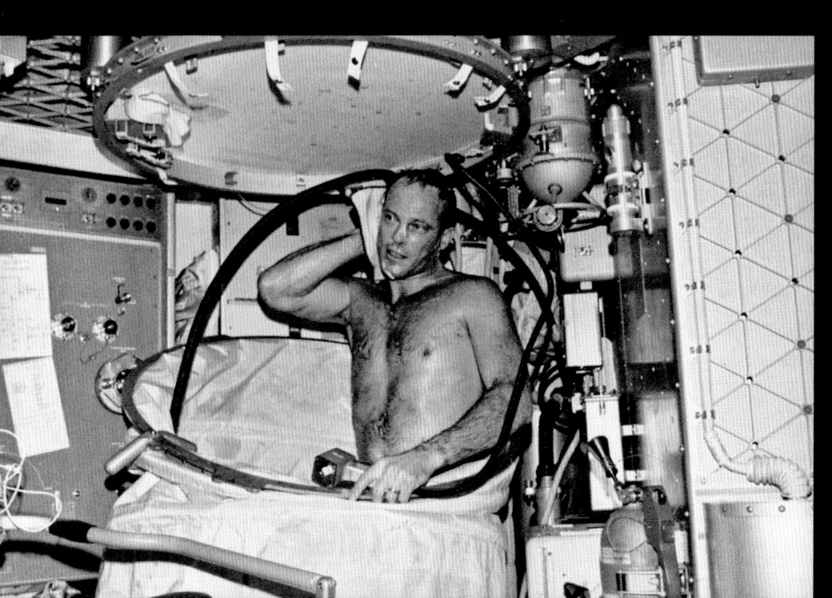

杰克·鲁斯曼尝试了一下弹出式淋浴器。这个淋浴器有专门设计的水和空气流动系统以及预先测量的肥皂，但还不如毛巾实用（来源：美国国家航空航天局）

太空房屋设计

20 世纪 60 年代，美国国家航空航天局载人航天计划的负责人乔治·穆勒在看到天空实验室轨道舱的早期模型后说："在这艘飞船上住三个月的人一定会发疯"。天空实验室的目的就是为人类长期进入太阳系奠定基础，穆勒坚持要求轨道舱的承包商宜居性咨询顾问，对这一室内设计进行评估。

承包商马丁·玛丽埃塔公司雇佣了流线型技术创造者、有"工业设计之父"之称的雷蒙德·洛伊威。在他的职业生涯中，雷蒙德·洛伊威曾为许多与交通有关的问题提供咨询，包括约翰·肯尼迪总统在"空军"一号上公寓的设计。针对天空实验室的设计，洛伊威必须巧妙地处理零重力状态下有限空间的运用。

在天空实验室之前，美国国家航空航天局设计的飞行器都与飞机驾驶舱相似，以提供基本的生命支持为指导原则。位于亚拉巴马州亨茨维尔的美国国家航空航天局马歇尔中心的工程师认为没有必要提供便利设施，而是应该强调功能和可靠性。连宇航员都对天空实验室里应该有物质享受的建议嗤之以鼻。他们说"一个没有琐碎烦恼的生活和工作空间就足够了"。毕竟，他们接受的训练是在极端的压力下，在密闭的房间里进行实验。然而，洛伊威认为，良好的环境对在太空中有效地生活和工作至关重要。

洛伊威从类似的任务中寻找可以参考的设计细节，比如长时间的潜艇航行和南极洲之旅。但有价值的信息很少，于是他被迫设计飞船的新蓝图。他使用类似于詹姆斯·邦德的喷气背包一样的"机动装置"，但这些装置更适合在全尺寸的空间站上使用，而不是紧凑的天空实验室。宇航员们对美国国家航空航天局的时尚感不以为然。尽管宇航服的设计体现出一些巧思，比如拉开拉链后长裤即可变成短裤，但颜色都是统一的金棕色，因为这种特殊的防氟织物只有这一种颜色。令宇航员们感到欣慰的是天空实验室没有洗衣设备，所以他们可以直接把换下的衣服扔掉。在休息时间，宇航员们会玩纸牌（用磁铁）、魔术贴飞镖、看书、录制音乐，但透过窗户看地球是目前为止最受欢迎的消遣方式。

把实用和美学考虑相结合。例如，他知道在工作室中使用中性的颜色能够提供心理安慰，但最终建议使用明亮的颜色，为宇航员提供视觉刺激，以防止无聊和抑郁。他还精心设计了头顶上方灯的位置，使灯光既不会在墙上投射出怪异的阴影图案，又能通过消声风扇降低噪声。

洛伊威注意到了工作室不同区域的需要。他想让餐室有家的感觉，所以他建议把宇航员孩子们画的画挂在墙上。洛伊威还坚持认为宇航员必须有隐私和个人空间，特别是在废物管理区域。他最受称赞的建议是增加一个窗口，宇航员可以从这个窗口在轨道上观察地球。亨茨维尔的工程师抱怨说，这扇窗户会削弱飞船的结构，但在穆勒的支持下，最终还是在军官室设置了一扇窗户。后来，心理学家认为，能够从太空看地球对于宇航员来说是非常有益的。

以今天的标准来看，这些工业设计建议似乎是显而易见的。然而，在20世纪60年代末，洛伊威提出的在太空中提供舒适的生活和工作场所的指导方针既独特又有远见。他意识到，如果人类要冒险到太阳系更远的地方，他们不仅需要保护自己不受太空的危害，还需要在与世隔绝的有限环境中感到舒适。

洛伊威对航天计划的贡献最终得到了美国国家航空航天局许多人的认可，他后来也继续担任了航天飞机和国际空间站的宜居性顾问。他不仅为未来空间站的设计奠定了基础，还设想了一个即将到来的现实：无论男人还是女人，都可以在太空的真空中舒适地生活和工作。

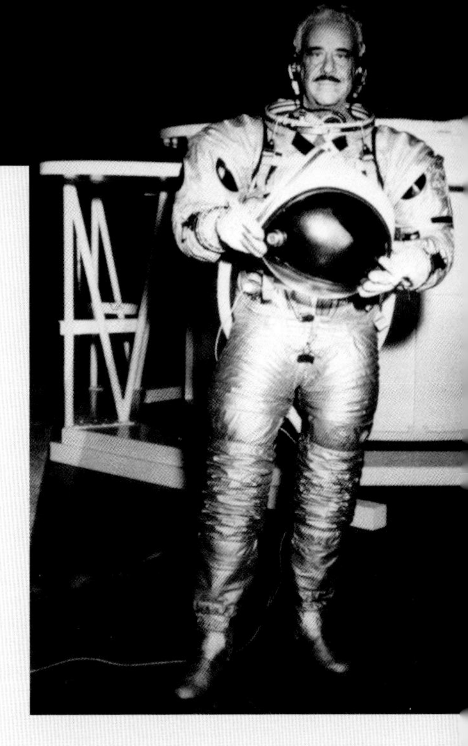

工业设计师雷蒙德·洛伊威穿着美国国家航空航天局赠送的宇航服。天空实验室当时克服了很大困难才说服已经退休的洛伊威重新出山（来源：哈格利博物馆和图书馆）

在发射时，天空实验室差点四分五裂。宇航员们完全没有预料到这次意外情况，但仍然经受住了这次“终极考验”。按照计划，一枚两级的“土星”5号火箭将无人驾驶的天空实验室推进到高度270英里的圆形轨道，第一批宇航员将在那里会合并登上实验室。飞行仅一分钟后，任务控制人员就发现出了问题，随后的遥测结果也证实了这一点。不知道为什么，用来保护飞船免受微流星体冲击和遮挡阳光的防护罩在发射过程中被扯掉，切断了一侧的主太阳能板，并且缠绕在另一个太阳能板上。尽管微流星体并没有对天空实验室造成太大的实际威胁，但内部温度控制的缺失却造成了大问题。防

地球轨道上的心理学

宇航员杰拉尔德·卡尔和威廉·波格在失重环境中自娱自乐。在太空，空前绝后的杂技表演往往比日常的工作更容易（来源：美国国家航空航天局）

天空实验室的宇航员们进行了许多科学实验，但他们本身也是主要的研究对象。美国国家航空航天局的医生们想要研究人类是否可以在失重状态下身体不受伤害地长时间生活。20 世纪 60 年代末，美国国家航空航天局计划建造一个大型永久性空间站和一架为其提供服务的航天飞机，因此，研究宇航员在天空实验室长期停留后的生理和心理反应对指导航天计划的未来至关重要。

宇航员会在与世隔绝的封闭环境中发疯吗？为了评估这种可能性，美国国家航空航天局的设计师考德威尔·约翰逊和美国国家航空航天局实验开发人员罗伯特·邦德收集了关于天空实验室居住和工作场所适宜性的数据，这些数据从心理学的角度来说对于未来航天器的设计具有指导意义。宇航员们完成了关于飞船内部设计的问卷调查和评价表，环境测量仪器和摄像机获得了关于天空实验室条件的定量数据。

约翰逊预测，天空实验室类似于地球的方向标志，也就是是“上”和“下”是有意义的方向，这对于心理原因至关重要。然而，宇航员们并不认同这一观点，他们认为在地球上有意义的方向标志在零重力下是多余的。宇航员们对飞船设计的其他方面提供了有用的见解。宇航员认为，任何有效利用太空条件的设备都有助于成功执行任务。例如，他们喜欢能够加热食物托盘的系统。相比之下，宇航员抱怨餐具太小，垃圾堆积系统需要重新设计等问题。他们还认为在餐桌旁摆放经过布置的软垫椅子没有任何用处，在失重状态下坐着会造成胃部肌肉紧张。

天空实验室的心理舒适度下降并不是由不适当的宜居性标准引起，而是由宇航员被要求完成的工作量引起的。天空实验室的第三组宇航员在太空中度过了 84 天，他们抱怨工作负担过重，无法像前两组宇航员那样较好地处

护罩的黑白图案经过精心设计，可以平衡热量的得失。如果没有防护罩，天空实验室的金箔外罩本身就是一个被动的热控制系统，会吸收和留存过多太阳辐射，使室内温度升高到危险的水平。此外，没有主要太阳能电池板，天空实验室就无法产生足够的电力。作为权宜之计，地面控制人员调整了天空实验室的位置，以减少太阳直射，但这样做的代价是进一步降低太阳能电池板的工作效率。一系列紧急操作也导致姿态控制陀螺仪过热，增加了潜在的

理在太空生活和工作的压力。

与第一组和第二组宇航员相比，第三组宇航员行动较慢，并且更容易出错，这也加剧了执行最终任务的紧张局势。任务控制小组的成员最终想出了减轻宇航员压力和工作量的方法，以确保任务成功。宇航员们还在规定的休息日得到了休息，他们可以从军官室的窗户欣赏地球的景色。

心理实验表明，长时间的太空任务是可行的。设计选择通常能够对宇航员的生产力产生积极影响，在最坏情况下也只是没有任何帮助而已，但肯定不会出现消极影响。这些天空实验室报告对于火星任务飞行器的建造具有很高价值，心理学家们对天空实验室首创的建筑和设计决策给予了肯定。随着航天飞行日益成为一项国际性愿景，许多太空心理学家目前正在研究在模拟器和类似地球的环境中，如北极沙漠和水下栖息地的空间站中，多国和男女混合宇航员的状态。这些心理学家已经认识到，由不同人群组成的小组研究对于规划长期太空旅行具有重要意义。

致命故障。

当任务控制中心竭尽全力诊断问题时，准备登上实验室的宇航员们只有十天的时间解决当前问题。美国国家航空航天局的工程师们设计了一个临时遮阳伞，由尼龙、聚酯薄膜和铝箔制成，从面向太阳的气闸中向上推，然后像一个巨伞一样打开。由于这种材料长期暴露在紫外线下会变质，第二组宇航员将不得不在阿波罗望远镜上固定一个更持久的“帆”，然后将其拉

在马歇尔航天飞行中心的中性浮力设施，宇航员可以练习常规操作，如更换阿波罗望远镜的胶片盒，或者在必要时，学习如何紧急维修卡住的太阳能电池板（来源：美国国家航空航天局）

到遮阳伞上方。为了将被缠绕在太阳能电池板上的防护罩取下，美国国家航空航天局工程师们将一个标准的电缆切割机改装成了“太空剪枝机”。宇航员们在马歇尔航天飞行中心的中性浮力模拟器上练习过修理操作。模拟器实际上是一个巨大的游泳池，宇航员可以在类似失重的环境中测试各种自制工具。

第一组宇航员于 1973 年 5 月 25 日抵达天空实验室，对受损情况进行评估，并与“阿波罗”号飞船对接。由于难以将太阳能电池板上的碎片切割下来，宇航员们进行了几次尝试，才使天空实验室重新运转，磨损程度稍微有缓解。临时遮阳伞的效果很好，不到一周温度就降了下来，宇航员们可以搬进工作室了。地面控制可以将天空实验室重新调整到预定姿态，以重新获得最大的太阳能，但丢失的太阳能板无法更换。之前所有对人类在太空工作能力的质疑都得到了有力的回答。正如美国国家航空航天局科学家、著名作家荷马·希卡姆（《十月天空》的作者）所说：“我真正喜欢天空实验室的原因是：当遇到困难时，宇航员们带着扳手、螺丝刀和锡剪亲自上阵。没有机器人，没有电脑，没有遥控操纵的手臂，只有穿着宇航服拿着工具的人”。

但宇航员对于科学探索来说也不可或缺吗？太阳天文学家早就认识到把望远镜放在轨道上的优势，这样就可以在不受大气干扰的情况下研究太阳。因为大气会吸收太阳光中的紫外线和X射线，而且即使在最佳观测地点，也常常阻挡可见光。在地面上，只有在罕见的日全食时才能看到太阳的外层日冕，而太空则提供了一览无余的视野。

1962年第一次发射的轨道太阳天文台的仪器尺寸、分辨率、数据存储和传输能力都非常有限。天空实验室的阿波罗望远镜是一个重达1吨的庞然大物，携带的仪器相当于地球上一些最好的太阳观测站。阿波罗望远镜还可以使用高分辨率胶片，因为有人手动更换胶卷。卫星仍然依赖原始的光电传感器和缓慢的无线电遥测。对于像天空实验室这样的人类太阳观测站来说，最大的挑战是保持极其精确的望远镜对角，因为即使是最微小的移动也会使图像变得模糊。这需要精密的控制力矩陀螺仪和观测经验。

在对接适配器的控制台上有两个电视显示器和操纵杆，宇航员可以在这里进行观测并调整八个阿波罗望远镜的指向。这些望远镜由来自海军研究实验室、哈佛－史密森尼天体物理中心、航空航天公司、高空天文台和美国国家航空航天局的太阳天文学家设计和建造。控制台在复杂性上可与大型飞机的仪表盘相媲美，还配备了比“阿波罗”号飞船任何组件都更强大的计算机，可以实时追踪太阳活动，与地面天文学家协调观测，并迅速瞄准太阳耀斑、日冕洞和其他感兴趣的目标。

主要研究人员为每台仪器准备了精确到分钟的观测时间表，每晚由任务控制中心发送。宇航员会在每个轨道的太阳活动阶段检查他们的清单，这样就可以随时警惕可能导致计划改变的异常情况。由于阿波罗望远镜可以在几分钟内改变目标，全球的太阳观测站和天文学家可以紧密合作，充分利用阿

欧文·加略特在阿波罗望远镜控制台值班。宇航员执行了从地面发来的详细每日观测指令。他们还可以训练望远镜阵列瞄准特定的机会目标，如太阳耀斑或日珥（来源：美国国家航空航天局）

宇航员们认为从阿波罗望远镜的一端观看风景是此次任务的亮点之一。照片中，一位宇航员取出胶片盒，也就是吊杆顶端的白色盒子。盒子里是太阳望远镜拍摄的成千上万张照片（来源：美国国家航空航天局）

波罗望远镜的能力。除了操作控制台外，宇航员还对仪器进行了多次调整和维修，并定期更换胶片盒。胶片盒共有约 30 个，拍摄照片共 12.7 万张。更换胶片盒需要在阿波罗望远镜的顶部太空行走，这是执行任务的宇航员的一大高光时刻。第二组宇航员中的驾驶员杰克·鲁斯曼回忆道："站在望远镜底座的顶端，双脚悬空。此时整个人陷入黑暗之中，将手放到眼前也看不到，能看到的只有闪烁的雷暴和星星——这是我想要重新捕捉并永远记住的一分钟"。

阿波罗望远镜群组由两个氢 α 波段望远镜（主要用于指引和指向）、两个 X 射线望远镜、三个紫外光谱仪器和一个白光日冕仪组成，这样的强大组合让宇航员们看到了一个全新的太阳。紫外图像具有极强的视觉冲击力，与"哈勃"望远镜后来拍摄的照片类似，生动地刻画了太阳活跃色球层的物理性质和过程。X 射线图像则突出了温度高得多的日冕的结构和行为，并首次确定了日冕洞是太阳风的来源。一位敏锐的观察者预测并捕捉到了太阳耀斑的整个生命周期。宇航员们将天空实验室的太阳观测仪器组合在一起，"层层剥开"了太阳大气层和它复杂且不可分割的光球层、色球层、过渡区和日冕。阿波罗望远镜还记录并跟踪了 100 多个日冕瞬变，巨大的气泡从太阳喷涌而出，直接对地球的电离层和磁场产生了影响。

与阿波罗望远镜不同，地球资源实验套组从来没有完全实现过其预期能力。该设备在最后一刻才进入天空实验室，既是出于政治目的，也是出于科学目的。地球资源实验套组对于美国国家航空航天局来说的意义在于令这一“高高在上”的机构更加“接地气”，与此同时也算是对 1970 年“地球日”呼吁的日益壮大的环保运动做出回应。一位美国国家航空航天局官员说：“当我大谈特谈阿波罗望远镜时，人们的反应礼貌而冷淡，但当我开始谈论作物调查时，我的朋友们……都知道这意味着什么。换句话说，环境调查的价值对普通人来说是显而易见的，而太阳天文学的价值就没这么明显了”。地球资源实验套组藏在对接适配器的另一侧，与阿波罗望远镜相对。该套组也有一系列仪器，用于扫描不同波段的光谱，包括红外线、微波和可见光，以揭示云量与天气、地质、地表水分与植被、海洋风与水域条件、空气与水污染等不易察觉的模式。

地球资源实验套组另一个与阿波罗望远镜的不同之处是，阿波罗望远镜是紧密合作的产物，多个主要研究团队负责设计和制造自己的仪器，最终组合成了阿波罗望远镜；而美国国家航空航天局是先设计和制造出了地球资源实验套组，然后才询问潜在用户想要如何使用。美国国家航空航天局征求了来自国内外科学家的 200 多条建议，然后选择了最有可能产生重要科学成果并且对任务计划其余部分影响最小的建议。对地球资源实验套组的调整确实需要根本性的改变。为了让地球资源实验套组能够探测到地球上大部分的人口和耕地，美国国家航空航天局将天空实验室的轨道倾角设为 50°（与赤道的夹角），并对其飞行路线进行计时，每隔五天进行一次相同的飞行，以便对表面特征进行有意义的比较。

由于不得不兼顾两个截然不同的天文台的需求，美国国家航空航天局被迫在数据收集方面做出一些必要的妥协。地球资源实验套组将总成本提高了 4200 万美元，这是一个可以接受的政治价格。地球资源实验套组的相机最终拍下了 4.6 万张照片，其中一些照片令人惊艳，但很少有重要的科学意义，却发现了一个铜矿床和一个油田。比天空实验室早一年发射的首颗地球资源卫星返回的数据质量也非常高，而且更加一致。美国国家航空航天局未来的地球天文台，如地球资源卫星、Aura、Aqua 和 Terra 都是不载人的航天器。

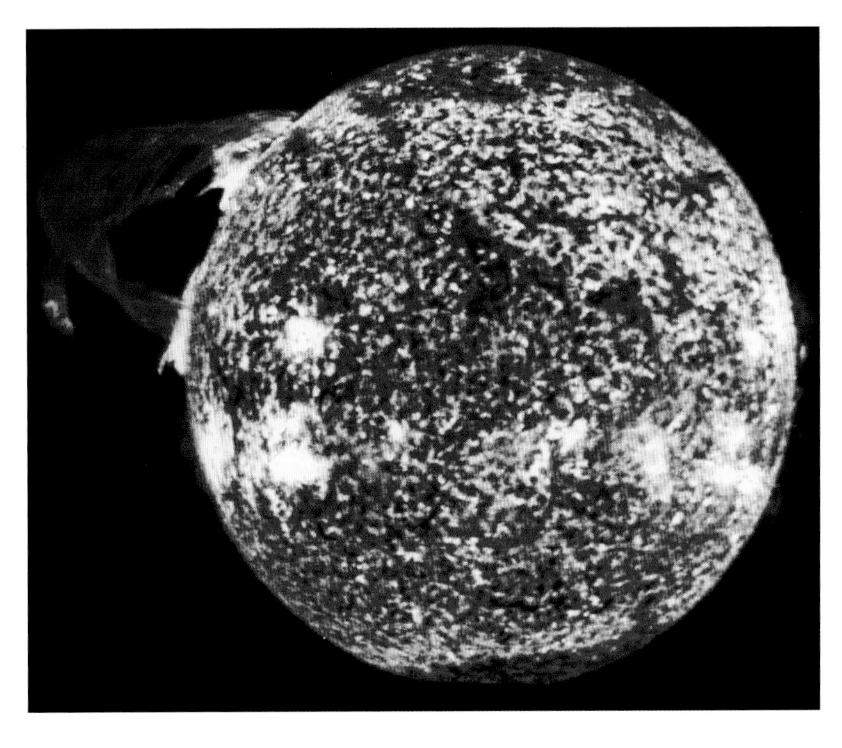

美国海军研究实验室的紫外望远镜在阿波罗望远镜上捕捉到一次巨大的日珥。在距太阳表面 50 多万千米的地方形成的壮观拱形，美丽的日珥令太阳耀斑也黯然失色，不仅在视觉上令人叹为观止，而且为研究太阳的温度变化和磁场提供了有价值的线索（来源：美国国家航空航天局）

天空实验室的设计师对太空制造的前景很感兴趣，还设计了一个小型材料

废物管理室的全景图。这款看起来使用方便的壁挂式马桶的把手是蓝色的，可以同时收集粪便和尿液，用于生物医学实验（来源：美国国家航空航天局）

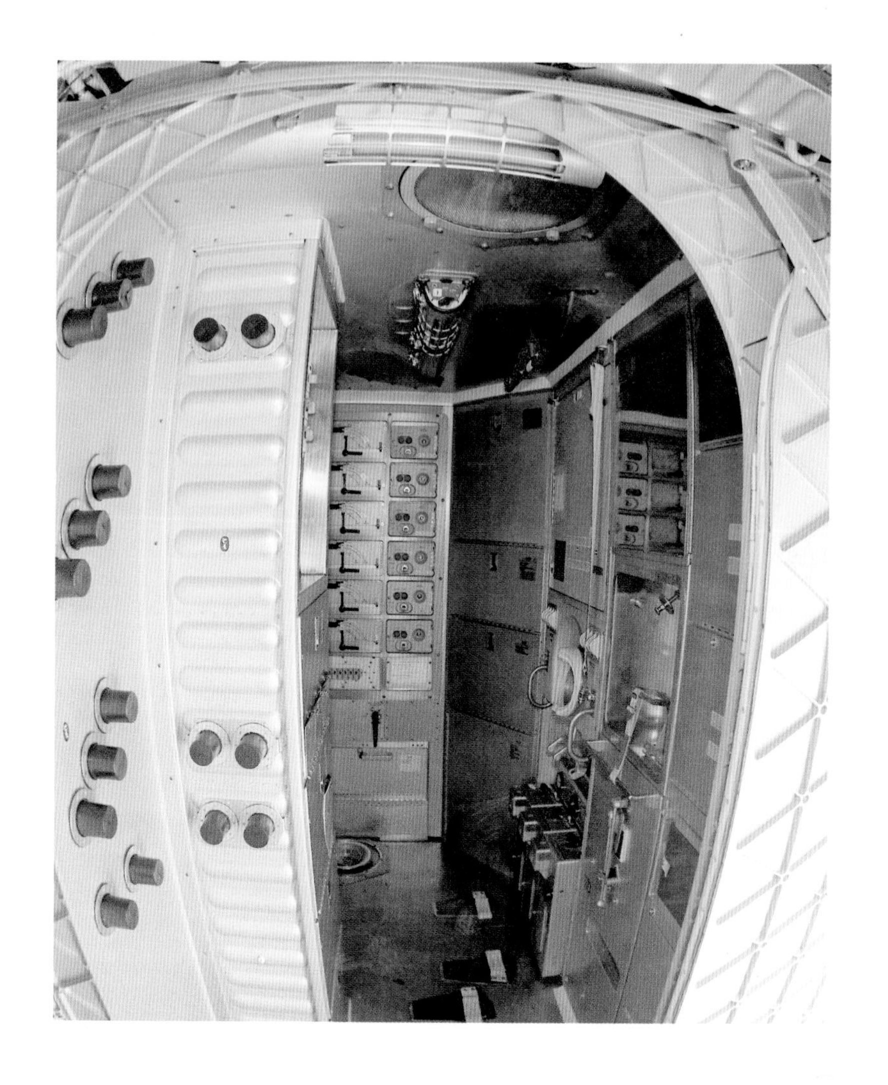

加工设施，包括熔炉、真空室和电子束。宇航员们不断试验，合成了尺寸和纯度都前所未见的半导体晶体，还有一些稀有金属合金。尽管有证据表明轨道工厂确实具有前景，但天文数字的成本无疑令人望而却步。

人类能否在长时间的太空飞行中生生不息呢？还是仅仅能够维持生存？“双子星”和“阿波罗”的宇航员在较短时间的任务中，体重、骨钙和肌肉量都出现了小幅减少，但这已经足以令人担忧。天空实验室的宇航员如何适应长时间的失重状态？为了找到答案，宇航员们不仅是调查者，也是研究对象，他们开展了 16 项生物医学实验。监测新陈代谢、食物摄入量、体重、矿物质流失、血容量和血液循环、睡眠周期、平衡以及其他关键的生理因素让宇航员们忙个不停。天空实验室的高科技马桶安装在垃圾处理单元的墙壁上，带有真空辅助装置和一个气味过滤器，与“阿波罗”计划时相比这是一个重大升级，日常的尿液和粪便样本采集和保存变得相对容易。

自行车测力计可以兼作运动器械，一些宇航员用胳膊转动踏板锻炼上半身；一台看起来像划船机的机器实际上可以计算身体质量；笨重的“下半身压力”装置看起来像是一个巨大的铁肺，可以模拟重力以测量血液在零重力下聚集（会使宇航员的脸和躯体看起来肿胀）如何影响心血管功能。

毕竟，太空是一个相对健康的场所，宇航员们没有出现任何明显或不可逆转的医疗状况。有点令人意想不到的是，第三组宇航员在太空中的时间最长，但恢复得最快。人类已经在其他极端环境中证明了人类身体具有非凡的适应性。然而，几周后，一些宇航员的妻子们注意到，她们的丈夫有时在黑暗中站起来会有困难，他们还表现出一些奇怪的习惯，比如总是觉得日常用品可以在空中盘旋，但结果可想而知。

天空实验室的学生项目堪称成功公共关系的典范。这些项目是从提交给美国国家科学教师协会的3700份提案中筛选出来的。25位最终入围者有机会向天空实验室团队展示他们的项目。其中19个实验真正进入了天空实验室。最受欢迎的是“零重力下的蛛网形成”实验。实验目的是探索蜘蛛在太空中能否顺利织网。和宇航员们一样，蜘蛛们也花了一些时间确定自己的方位，但它们最终还是适应了新环境。此外，经过实验发现，细菌群也可以在太空环境中存活，但水稻幼苗却不行，未来的“太空农民”可以以此为借鉴。

美国国家航空航天博物馆展出的备用轨道工作室。完全的垂直方向给人一种空间宜居性的错觉。闪闪发光的金色饰面没能经受住太空的严酷考验（来源：美国国家航空航天博物馆）

1974年2月初，第三组，也是最后一组宇航员打包好剩余的胶片、磁带、样品和其他数据，封存了天空实验室。然后，他们用指挥服务舱的推进器将天空实验室送入更高的轨道，希望能将其预期寿命延长十年，等待未来的任务。这是十年来第一次没有电视直播人员守在海中溅落现场等待宇航员，这也说明了公众兴趣的变化无常。由于航天飞机没有按照既定时间制造完成，因此没有能够将天空实验室从太空中救回的设备；苏联“礼炮”空间站的成功令天空实验室相形见绌；重返大气层已经无望，天空实验室变成了一块巨大的并且很可能致命的太空垃圾。1979年7月11日，天空实验室在印度洋和西澳大利亚上空解体，所幸没有造成人员伤亡和财产损失。

1976年，天空实验室的备份从美国国家航空航天局的储藏室运到了美国国家航空航天博物馆。在这里，天空实验室成为了一个受欢迎的展品，人们都希望了解在零重力环境下的生活。缺少了阿波罗望远镜和地球资源实验套组（以小模型展示）的天空实验室，逐渐失去了作为载人轨道天文台的意义。但集天空实验室、天文台、工作室多种功能于一体的国际空间站将天空实验室的传奇延续到了今天。国际空间站的规模和预算令当年天空实验室的设计师们艳羡，而最重要的是国际空间站所代表的全球合作精神在当时根本无法想象。

——斯图尔特·莱斯利，莱恩·卡拉凡提

轨道舱规格说明：

制造商：麦克唐纳·道格拉斯公司
长：48英尺（14.6米）
直径：22英尺（6.7米）
太阳能电池板之间的宽度：90英尺（27米）
重量：78000磅（35380千克）

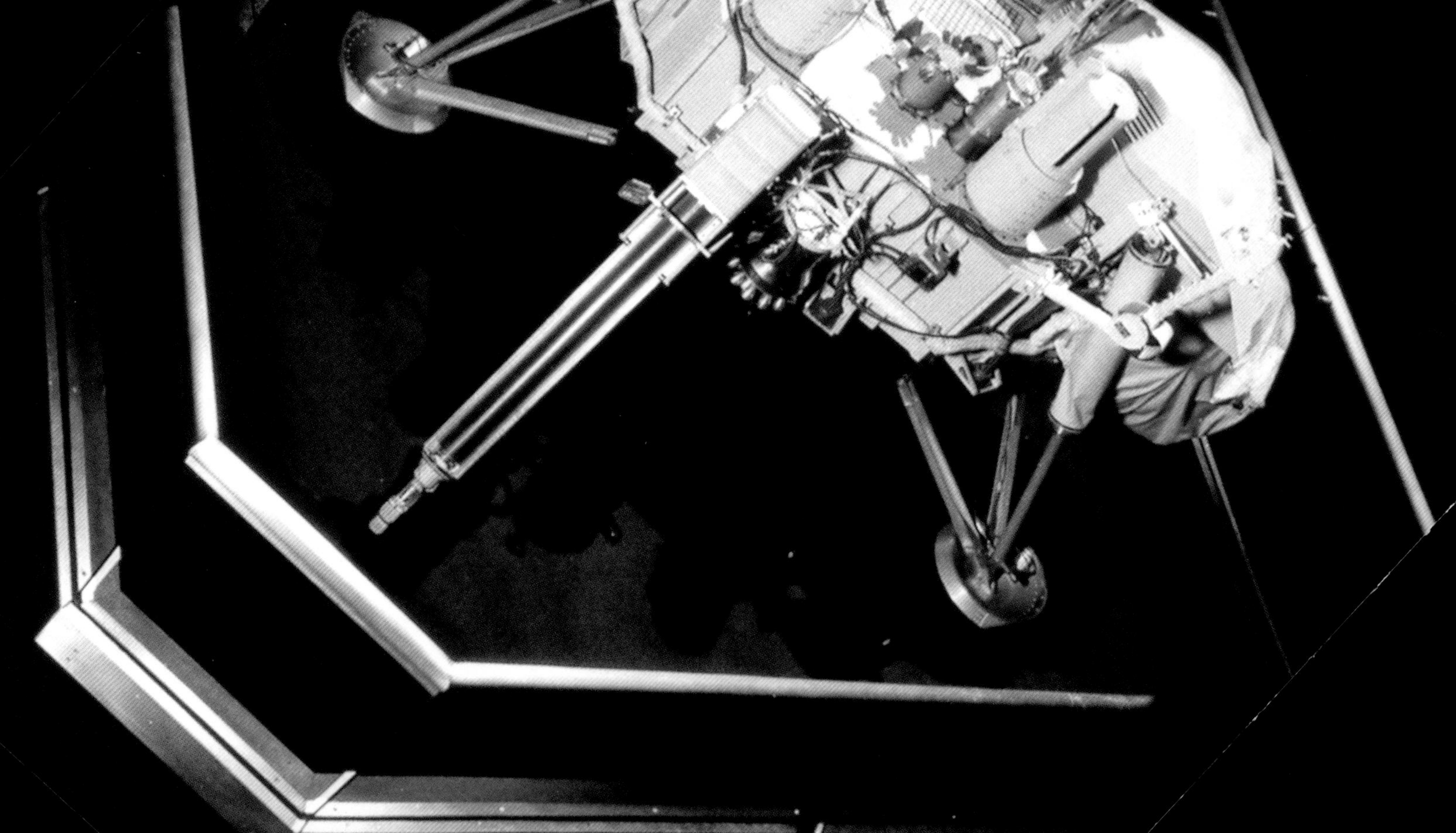

第八章 “海盗”号着陆器

1976年7月20日，“海盗”1号着陆器成为首个抵达火星表面并传输科学数据的飞行器将“海盗”1号和两个月后抵达火星表面的“海盗”2号着陆器送上火星的工程师和科学家们在十多年的时间里经历了大量政治责难、预算斗争和技术挑战，终于在美国建国两百周年这一天取得了成功。此外，“海盗”1号和“海盗”2号的软着陆标志着自1965年“水手”4号开始的美国探索火星系列任务的高潮。

“海盗”计划的两个着陆器和两个轨道飞行器彻底改变了科学家对这颗红色星球的认识。长期以来，火星一直对人类有着特殊的吸引力，因为那里可能存在生命。在美国，没有人比天文学家珀西瓦尔·洛厄尔更了解火星。19世纪后期，洛厄尔在亚利桑那州弗拉格斯塔夫附近建造了洛厄尔天文台，专门研究火星。他认为火星曾经是一个多水的星球，水星表面的“水渠”地貌是由“智慧生物”建造的。

1908年，洛厄尔将他广泛的视觉观察和异常活跃的想象力凝结成了《作为生命居所的火星》一书。他描绘了一幅荒芜星球的景象，星球上的居住者在这片广袤的土地上建造了水渠灌溉系统，将水从极地地区输送到赤道附近的人口中心。尽管洛厄尔的理论非常迎合大众心理，但许多天文学家并

“海盗”号着陆器由一个带有三条支撑腿的六面铝基座组成。美国国家航空航天局将仪器安装在底座的顶部，通过加长的支架将其抬高到地面之上。着陆器基座两侧两个含有钚238的放射性同位素热电机提供动力，能够以4.4伏的电压提供30瓦的持续电力。这些仪器主要研究火星表面和大气的生物学、化学成分（有机和无机）、地震学、磁性能、外观和物理性质。着陆器有一个用于收集土壤样本的手臂，末端配备温度传感器和磁铁。气相色谱质谱联用仪可用于表征火星化学元素的先进实验。气象吊杆可以测量风向风速、大气压力和温度。两个360°圆柱形扫描摄像机记录了火星表面的可见光特征。高增益和低增益通信系统用于向地球传输数据并接收科学家的指令（来源：美国国家航空航天博物馆）

这张地图来自洛厄尔的著作《作为生命居所的火星》(1908)，显示了他认为火星表面存在的河道（来源：美国国家航空航天博物馆）

霍默·纽维尔，美国国家航空航天局太空科学局副局长，负责启动和维持火星探测计划（来源：美国国家航空航天局）

不买账。他们不认同洛厄尔的观察结果，而且很快就有人得出结论，大众是被他蒙蔽了双眼才会看到所谓的水渠。

洛厄尔的观察引发了人们对火星的迷思，这也是20世纪以来人类对太阳系首次产生如此大的兴趣。许多人发自内心地希望探险家能够在火星上发现生命。杂志上有关火星的插图通常都会描绘出火星表面的灌溉渠道网络。1944年，《生活》杂志的编辑告诉读者，这些运河可以灌溉成片的植被，“植被在季节交替时会从绿色变成棕色”。当时最受欢迎的科学作家之一威利·雷伊在1952年出版的《科利尔》杂志上向读者保证，火星上肯定存在“地衣和藻类”等原始植物。他还称，凡是有植物存在的地方也一定会有动物。沃尔特·迪斯尼在1957年播出的一档收视率很高的电视节目中播放了飞碟掠过火星动植物的动画画面。

直到20世纪60年代初，一些科学家仍然认为，火星上的植被会随着行星季节的改变而变换颜色。杰拉德·奎珀声称，他通过麦克唐纳天文台的一台强大的地面望远镜看到了火星上的“一抹苔藓绿”，结果其他天文学家纷纷利用光谱分析寻找叶绿素的特征，还有人声称已经发现。几年来，科学家们报告说，火星上的植被，可能是地衣或其他类型的植物，会随着季节的变化而变色。但最终事实证明他们看到的鲜艳颜色只是假象，之前科学家报告称看到的绿色和蓝色只是橘黄色的沙尘暴经过中性色调区域时产生的视觉欺骗。

直到“水手”4号着陆器于1965年7月15日在距火星6118英里的范围内飞行并拍下21张特写照片后，美国大众才放弃了“火星上存在智慧生命”的普遍观念。这些照片粉碎了许多人对这颗红色星球上可能存在生命的希望。首次近距离拍摄的火星照片显示了坑坑洼洼的火星表面，照片中没有人工修建的结构，也没有灌溉渠道，甚至没有任何能够证明存在智慧生命的迹象。《美国新闻与世界报道》周刊宣布“火星是死的”。甚至连林登·约翰逊总统也宣称：“我们所知的生命以及人性比许多人想象中更独特”。

尽管如此，美国国家航空航天局的科学家们仍然坚持开展一项积极的火星探索计划。根据行星科学家的建议，美国国家航空航天局的太空科学办公室制定了一项耗资20亿美元（按20世纪60年代美元计算）的火星生命探测计划。当时该计划的名称为“旅行者”计划，但此“旅行者”不同于后来的外太空着陆器“旅行者”1号和“旅行者”2号。为了筹集资金，当时的美国国家航空航天局科学项目主任霍默·纽维尔取消了探索其他行星的计划。纽维尔以为大多数科学家都支持火星计划，但他错了。虽然大多数科学家都支持这项任务，但少数人直言不讳地提出了任务风险太大、成本过高的观点。于是这场公开辩论蔓延到了美国国会大厦。

1967年夏天，由于辩论双方在国会的证词相互矛盾，越南战争和“伟大社会”计划导致资金短缺，再加上航天科学家之间的内斗，种种原因相结合，美国国家航空航天局最终被迫取消了“旅行者”火星探测计划。当年秋天，美国国家航空航天局局长詹姆斯·韦伯被内部争斗搞得精疲力尽，决定停止所有新的行星任务，直到科学家们就前进的道路达成一致意见。后来，美国国家航空航天局的工作开始恢复正常，并且为20世纪70年代制定出了一个可以接受的行星计划。

航天科学界从“旅行者”计划的惨败以及1971年提出的“行星大旅行”计划中吸取了实用的政治教训。最重要的是，他们学会了在内部讨论中解决分歧，而不是将问题公开到媒体或国会。他们还发现，拥有科学界的广泛支持不代表一定能够得到政治支持，但航天科学家之间缺乏共识肯定是不行的。

一台“实时数据翻译机”将“水手”4号的数字图像数据转换成数字并打印在纸条上。美国国家航空航天局的工程师们等不了漫长的图像处理过程，将纸条并排贴在一个显示面板上手动上色，形成了一幅数字画。图像显示了一个坑坑洼洼的表面，这表明火星不像之前人们认为的那样宜居（来源：美国国家航空航天局/喷气推进实验室）

卡尔·萨根

卡尔·萨根在火星探索的早期就发挥了主导作用。自20世纪70年代开始，直至1996年去世，他一直是最有影响力的太空倡导者。他因为出众的智慧、不俗的魅力和非凡的领导力成为空间科学和探索领域的公众知识分子。与此同时，萨根也从事严肃的科学研究。20世纪50年代开始，卡尔·萨根就与美国国家航空航天局合作教授“阿波罗”宇航员月球科学，并担任“水手”“海盗”“旅行者”和“伽利略”行星探测器的科学家。他帮助解开了金星的高温（超大规模的温室效应）、火星的季节变化（风吹的尘埃），以及泰坦卫星的红色薄雾（复杂的有机分子）等谜团。2709号小行星“萨根”正是以他命名。

在“海盗”计划中，萨根是着陆点选择委员会的成员。科学家和工程师们各执己见，为着陆器降落在火星表面的最佳位置争论不休。科学家们根据自己的研究领域，主张着陆器应该着陆在具有某些特征的位置附近。而工程师们则根据其他任务参数和感知到的地形风险，对科学家的提议表示赞同或否决。经过漫长的讨论，委员会将潜在的着陆地点逐一列出。在执行“海盗”计划的过程中，这些参与讨论的人都是无名英雄。

萨根为着陆地点选择委员会做出了重要贡献，他支持利用射电天文学方法确定更多关于拟议着陆地点土壤组成、表面特征和岩石的信息。但这种方法只能对有限的地点进行密集的雷达探测，而其他科学家不愿以这种方式限制他们的选择。1973年2月，萨根开始积极推进此事，在一定程度上是因为担心火星上可能存在深埋的尘埃，1971年苏联着陆器“火星”3号的失败很可能就是由“流沙”导致。他强调：“虽然已经证明月球登陆飞船不可能被月球尘埃掩埋，但这绝不意味着火星上的流沙不会造成危害”。

萨根坚持应开展更多研究以了解已经返回的雷达数据，还要在地球上进行模拟研究以理解火星的雷达成像看到的内容。此外，在1973年和1975年至1976年期间，当火星最接近地球时，使用位于阿雷西博、海斯塔克和戈德斯通的射电望远镜收集广泛的火星图像。他补充说：“美国科学家拥有强大的火星测绘能力，应该充分利用这一能力”。美国国家航空航天局接受了他的观点，成立了“海盗”雷达研究小组，并积极了解更多关于火星表面可能作为“海盗”1号和2号登陆地点的区域。这是为“海

1980 年 10 月 26 日，加利福尼亚死亡谷，卡尔·萨根和“海盗”号着陆器模型（来源：美国国家航空航天局 / 喷气推进实验室）

盗”着陆器着陆选址过程的一个重大转折，并且最终确保了着陆器的成功着陆。

萨根在执行任务期间也是科学团队的一员，他本身也对在火星上发现生命的前景感到兴奋。多年来，他一直怀疑地球以外可能存在生命，而在太阳系的所有行星中，最有可能在火星发现生命。由于着陆器没有发现生命迹象，萨根和许多人都感到失望。但生性乐观的他并没有因此而退缩，他认为最终一定会在这颗红色星球上发现生命，可能是在火星的微环境中，因为这里有类似绿洲的小区域，生物可以在这种地方存活。直到生命的最后时刻，萨根仍然抱有希望，认为这些机器人探测器很可能会在地球以外的行星上发现生命存在的证据。萨根是普利策奖得主，曾经写过许多畅销书。他的著作《宇宙》成为了有史以来最畅销的英文科学书籍。之后这本书被改编为电视剧，为他赢得了艾美奖和皮博迪奖。电视剧在 60 个国家播放，获得了亿万观众。1996 年 12 月 20 日萨根去世之前一直担任康奈尔大学天文学和空间科学教授与行星研究实验室主任。萨根的最后一本书《魔鬼出没的世界：黑暗中的蜡烛》由兰登书屋出版社于 1996 年 3 月出版。这本书对超自然事件进行科学分析。他还将自己的小说《外星生命接触》改编成了一部广受好评的电影，讲述了人类与外星生命相遇的故事。

“海盗”1号着陆器朝东北方向看被命名为“大块头乔”的岩石。这是着陆器附近可见的最大岩石，大约有两米宽（来源：美国国家航空航天局/喷气推进实验室）

尽管面临预算压力、缺少充分的政治支持，但整个20世纪70年代还是开展了一系列令人震惊的任务。其中不仅包括“海盗”号火星探测计划，还包括“先驱者”10号和11号的木星和土星探测任务，以及“旅行者”1号和2号对太阳系中所有气态巨行星的一次宏伟的探测之旅。

在此背景下，美国国家航空航天局在20世纪60年代末开发的航天器为最终登陆火星打下了基础。“水手”6号和7号的飞近探测证实火星表面与月球表面相似，科学家们也通过这些任务确定了火星上曾经出现过活跃的火山活动，在极地季节性观测到的霜冻是由二氧化碳构成的，巨大的板块表明火星曾出现过规模相当大的构造活动。1971年11月，“水手”9号火星着陆器发现了死火山遗迹，这个巨大的火山令地球上所有火山相形见绌。在火星上发现的最大火山是奥林帕斯山，底部直径300英里，顶部有一个40英里宽的火山口。奥林帕斯山比周围的平面高出20英里，高度是珠穆朗玛峰的三倍。照片还显示了一个峡谷，也就是长2500英里、深3.5英里的“水手谷”。之后，“水手”9号还拍摄了蜿蜒的河流图像，这表明火星上可能在一些远古时期存在河流。

突然间，火星又一次引起了科学家、记者和公众的兴趣，部分原因是火星上可能曾经存在过生命。“水手”探测飞行成功后，美国国家航空航天局耗资20亿美元的“海盗”计划也获得了批准，该计划的目标是在火星上软着陆。20世纪70年代早期的“海盗”任务由两个相同的航天器组成，每个航天器都配有一个着陆器和一个轨道器。“海盗”1号于1975年从佛罗里达州肯尼迪航天中心发射升空，花了将近一年的时间到火星轨道，在火星周围放置了一个轨道飞行器，并于1976年7月20日降落在火星的克里斯平原（“金色平原”）上，“海盗”2号随后于1976年9月着陆。这是第一次在太阳系的另一颗行星上着陆，且停留的时间很长，足以返回有用的科学数据。

位于弗吉尼亚州汉普顿的美国国家航空航天局兰利研究中心，从1968年开始负责管理“海盗”项目，直到1978年4月1日结束，由喷气推进实验室接手着陆器的操作任务。位于科罗拉多州丹佛市的马丁·玛丽埃塔航空航天公司开发了着陆器。位于俄亥俄州克利夫兰的美国国家航空航天局刘易斯研究中心负责运载火箭的研制。喷气推进实验室最初的任务是开发轨道器、跟踪和数据采集系统。这些着陆器都搭载在“泰坦”-E火箭上，由“半人马座”三级发动机送入太空。

“海盗”计划的主要目标是对火星的地球物理特性开展持续调查。航天器从轨道上对火星表面进行了侦察，确定了可能的着陆点和火星上其他感兴趣的物理特征。两个着陆器通过轨道器与地球通信，不断监测火星表面的物理条件。

科学家们从探测中各种仪器得到的科学成果令人欣喜，只有地震仪是一个例外。“海盗”1号上的地震仪在着陆后无法工作，“海盗”2号的地震仪

“海盗”1 号在 1976 年从火星表面拍摄的第一张全景照片。可以看到，航天器的重心偏左，“海盗”1 号的样本臂外壳尚未部署。天空中的平行线是人为布置的，不是真实特征。这张照片拍摄于火星下午晚些时候，照片中清楚地反映了从地平线到天空定点和向右（西方）的亮度变化。左侧地平线上是一个类似于高原的突出物，比岩石之间的近景物质要明亮得多。地平线大约在三千米（1.8 英里）之外。左边是一组细粒度物质，类似于沙丘。左边前景中的黑色弯曲斑纹来源不明。在右边地平线处的山地隆起处可以看到一些无法识别的形状。从地平线到图片顶部，可以看到一个水平云层。左边是用于接收地球指令的低增益天线。地平线上或附近的阴影可能是远处撞击坑的边缘。右边近景中是着陆器相机校准的彩色图表、“海盗”号磁性能实验的一面镜子，以及着陆器顶部的一部分网格。右上角是已经着陆的航天器与地球直接通信的高增益碟形天线（来源：美国国家航空航天局 / 喷气推进实验室）

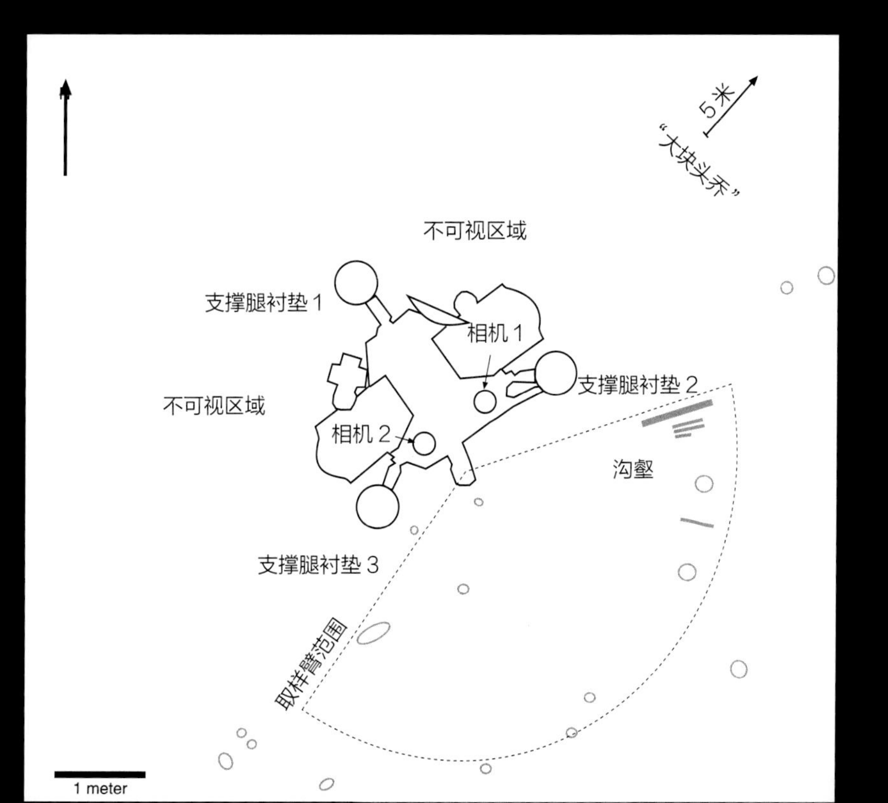

“海盗”1 号着陆器是首次成功抵达火星表面的航天器。“海盗”1 号在六年多的时间里持续向地球传输图像和气象数据。“海盗”号着陆器还携带地震仪和样本臂。样本臂可以在火星表面铲土，然后将土壤送回着陆器上的小型实验室。这张地图显示了“海盗”1 号的登陆点。图中包括显著的岩石和样本臂挖出的沟壑。1981 年，美国国家航空航天局将“海盗”1 号着陆器的所有权移交给美国国家航空航天博物馆。之后“海盗”1 号被重新命名为托马斯 · 穆奇纪念站。托马斯 · 穆奇是“海盗”号着陆器成像实验的前首席科学家（来源：美国国家航空航天局 / 美国国家航空航天博物馆）

这是为1976年在博物馆展出的“海盗”号着陆器拍摄的“艺术照”，照片中显示出了一些主要特征，包括样本臂和化学仪器（来源：美国国家航空航天局/喷气推进实验室）

“海盗”2号于1976年9月3日登陆。与“海盗”1号外观一模一样。“海盗”2号在火星表面工作了三年零七个月。两个“海盗”号着陆器都使用放射性同位素电源，通过钚的放射性衰变提供动力。这种电力供应使得着陆器可以在不依赖太阳能电池板的情况下运行多年（来源：美国国家航空航天博物馆/美国国家航空航天局）

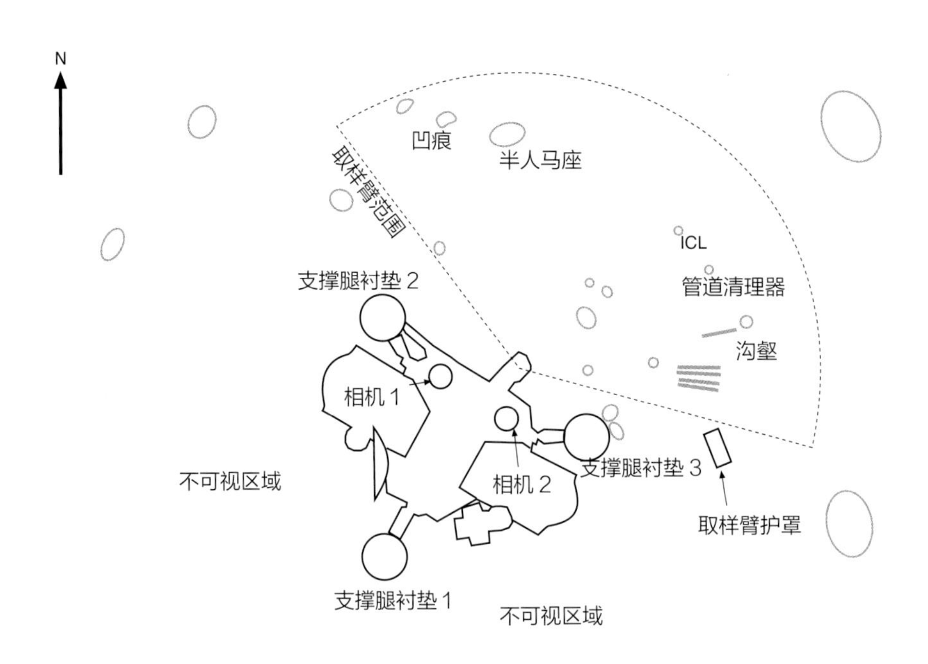

探测到一个可能是地震的事件。另外，两个着陆器持续监测着陆点天气，发现了令人兴奋的周期性变化以及异常恶劣的气候。例如，在更靠南的“海盗”1号着陆点，正午时的气温只有7华氏度，但黎明前的夏季气温是零下107华氏度。黎明前的最低温度为零下184华氏度，大约是二氧化碳的冰点。该项目还观测了火星风，发现火星风的速度通常比预期的要慢。

“海盗”号的主要任务于1976年11月15日结束，比火星的上合（在太阳后面经过）早十一天，“海盗”1号着陆器在第一次到达火星后持续运行了六年。“海盗”1号最后一次向地球发送信号的时间是1982年11月11日。“海盗”2号着陆器于1980年4月11日因电池故障提前关闭。“海盗”1号和“海盗”2号在姿态控制推进剂耗尽后，分别于1980年8月和1978年7月停止工作。1983年5月21日，美国国家航空航天局最终结束了整个任务。美国宇航局首席科学家詹姆斯·加文总结了这次任务：“克里斯平原是一个有意思的地方……很久以前，也许是几十亿年前，这里是五条水道的倾泻场，这里的河道显然由流水冲刷而成;海盗’2号在北纬48°的陨石撞击坑附近着陆，这里的环境与克里斯平原非常不同”。此外，“海盗”2号的一条支撑腿踩在了一块岩石上，导致航天器倾斜了8°。尽管如此，“海盗”2号一直有效地工作到1980年4月11日电池发生故障，然后任务控制中心停止了与它的通信。

尽管在着陆器上进行的三次生物学实验在火星土壤中发现了意想不到的神秘化学活动，但无法为着陆器附近土壤中是否存在活微生物提供明确的证据。一次，航天器由于校准问题将过氧化物或其他氧化剂误认为生物材料，这次假阳性结果令科学家在短时间内兴奋不已。美国国家航空航天局在一份声明中称：“着陆器发现了一个土壤贫瘠、天空呈怪异橙红色的外星世界。这里没有随风摇曳的植物，岩石间也看不到落荒而逃的动物”。根据科学家的说法，火星是一颗“自我消毒”的星球。往好的方面想，虽然没有发现生物，也没有发现敌对的外星人。科学家们发现，太阳紫外线辐射渗透到火星表面导致土壤极度干燥，并且土壤具有氧化性质，这些因素阻止了火星土壤中生物的形成。

无论过去还是现在，在火星上都没有发现任何生命存在的证据，这使参与寻找外星生命的科学家们的乐观心态荡然无存。这些探测任务使许多科学家不再抱有太阳系其他地方可能存在生命的希望。喷气推进实验室主任、行星科学家鲁斯·默里曾在“海盗”任务期间提出，将“海盗”着陆器作为确定火星上是否存在生命的可靠手段是一种夸大宣传。公众希望在那里发现生命，参与该项目的许多其他科学家也是如此。默里称：“‘水手’号飞近探测揭示的异常恶劣环境说明在火星生活根本不可能，公众不应该期望太高”。默里认为，美国国家航空航天局花费了数十亿美元，发表了一系列过于乐观的声明，但未能探测到生命，一定会引发公众的失望情绪。从某种程度上来说，默里是对的。美国国家航空航天局在此后的20年中没有重返火星。“海

火星登陆

自太空时代以来有过十五次在火星表面软着陆的尝试，其中三次是尝试在火卫一卫星上软着陆，其余的多次尝试根本没有接近目标航天器就已经坠毁。苏联在 1971 年进行了两次着陆尝试，分别是“火星”2 号和“火星”3 号。但是前者坠毁，后者在火星表面只返回了 20 秒的数据就发生了故障。尽管如此，这也算是人类制造的航天器首次抵达火星表面。接下来的尝试是在 1973 年，苏联将“火星”6 号和“火星”7 号都送上了火星。“火星”6 号在下降过程中发送了信号，但在试图着陆时坠毁。“火星”7 号未能与火星会合，在没有完成任务的情况下进入了太阳轨道。直到 1976 年美国成功地登陆了“海盗”1 号和 2 号，才算是为这一领域做出了重要贡献。

“海盗”之后，还没有其他着陆器成功抵达火星表面或火卫一 (1988 年苏联首次尝试)，直到 1997 年，“火星探路者”号登陆火星，开启了火星探索的“摩登时代”。此后，又有 4 个着陆器成功到达了这颗红色星球的表面，重塑了人类对它的认识。

在太空时代早期，登陆失败很常见，随着时间和经验的积累，以及更先进技术的出现，成功是必然的。然而，在过去的 15 年里，美国出现了两次火星登陆任务失败，分别是 1999 年的“火星极地”着陆器和“深空”2 号。俄罗斯联邦航天局也鲜有成功案例。1996 年和 2011 年，由于助推器故障，携带两个着陆器的“火星”96 号和试图从火卫一上带回样本的“福布斯－

盗”计划首席科学家杰拉尔德·索芬在 1992 年时说：“如果当时有人以 100 比 1 的赔率跟我赌我们在 17 年内都不会重返火星，我会认为他疯了”。

当时还存在一种科学家们无法接受但广受公众欢迎的论断。一些人断言，腐败的联邦政府及其科学官员已经发现了地球之外存在生命的证据，但因为愚蠢和邪恶阴谋等原因，他们一直对公众隐瞒这些证据。此后，美国国家航空航天局不得不多次回应这些指控。这个问题最早出现在 1976 年 7 月 25 日，当时“海盗”1 号轨道飞行器拍摄了一张火星塞东尼亚地区的照片，照片中的图像看起来很像一张人脸。所有证据都表明，这是山丘阴影造成的结果。杰瑞·索芬在新闻发布会上也说明了原因，但有些人拒绝接受这一解释。这张“脸”一直是一个痛点，多年来，常常会有人问索芬这个问题。他总

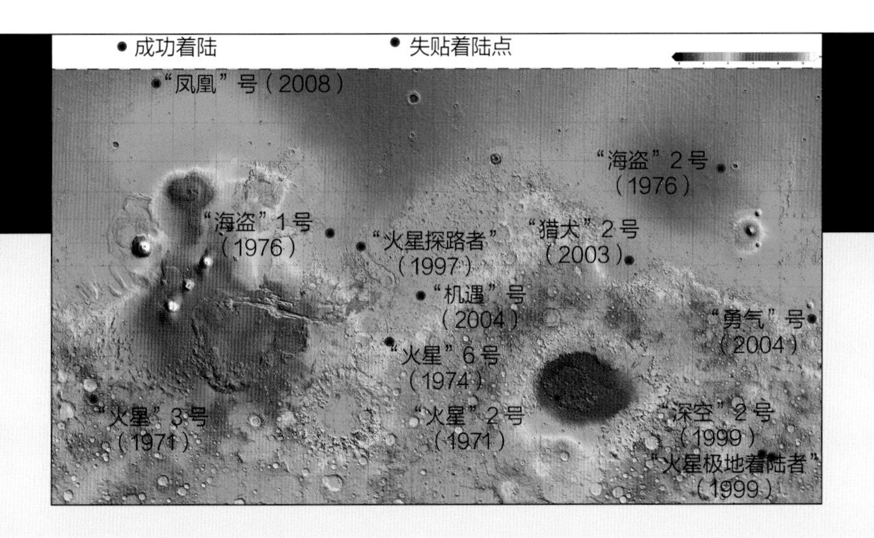

这张地图显示了美国和苏联在火星表面的登陆位置。苏联的火星着陆器中没有一个能够在到达火星表面后停留足够长的时间以返回有用的数据。图中还显示了在南极地区坠毁的火星极地着陆器。2008年，类似任务“凤凰”号在北极地区成功登陆（来源：美国国家航空航天博物馆/美国国家航空航天局）

格朗特”号都以失败告终。事实证明，成功到达火星或其卫星的表面并非易事，然而，为了获得更多科学知识，科学家们继续努力。各种继续探索火星的计划层出不穷，包括着陆器、探测车，还有飞行器。

火星和火卫一登陆统计

国家	成功的任务	部分成功的任务	失败的任务
美国	6	0	2
苏联/俄罗斯	0	1	8
欧洲航天局	0	0	1
总计	6	1	11

是回答说，这并不是古代文明的遗迹，而是一种奇怪的自然特征，在其他照片中从来没有出现过。美国国家航空航天局在2001年发布官方声明时曾提到“火星人脸”已经成了一个流行偶像：它不仅主演了一部好莱坞电影，还出现在书籍、杂志和广播脱口秀中。有些人认为这张脸是火星上有生命存在的确凿证据。阴谋论者认为美国国家航空航天局故意隐藏这个证据。除此之外，不希望美国国家航空航天局预算缩减的人当然也希望火星上存在古老文明。

“海盗”号登陆任务的前提是相信会在火星表面发现微生物。未能发现微生物对火星上的生命起源造成了毁灭性打击，但一些人仍然抱有这样的希望：科学家只是在错误的地点进行了研究，或者他们设计的实验本身就不可能产生有用的结果。时至今日这种念头依然没有消失。此外，“海盗”号耗

“随水而行”寻找曾经的生命

这张照片是“漫游者”号着陆器的右前照相机在1997年执行任务第33天拍摄的。在前景中的岩石被称为“安德”，岩石表面出现了一个坑，而且有浅浅的水平纹理。岩石顶部明亮的物质可能是风沉积的尘埃。“火星探路者”着陆器在照片右侧的远处。着陆器相机安装在桅杆顶部的圆柱形物体上。该区域被认为是古代冲击平原的一部分（来源：美国国家航空航天局/喷气推进实验室）

“海盗”号没有发现火星表面存在生命的证据。这并不奇怪，因为表面生物本来就很少。在地球上，大多数生物生活在地球表面以下的土壤或海洋中。尽管“海盗”号得到的是负面结果，但这一事实也给科学家们未来探索这颗红色星球留下了一些依据。

“海盗”号登陆火星时是一个对天体生物学充满期待的时代，但未能找到火星上有生命存在的证据浇灭了人们的乐观情绪。虽然一些科学家在第一次实验中感到沮丧，但1996年至1997年发生的两件大事使他们变得更加乐观。首先，1996年8月，美国国家航空航天局和斯坦福大学的一个科学家小组宣布，在南极洲发现的一颗火星陨石中可能含有火星远古生命的证据。这块重42磅、土豆大小的火成岩（ALH84001）形成于45亿年前，科学家们认为那时的火星要温暖得多，并且很可能有适合生命生存的海洋。然后，大约在1500万年前，一颗巨大的小行星撞击了这颗红色行星，将这颗岩石撞进了太空，直到大约公元前11000年，岩石才坠落到南极洲。科学家们提出了三个具有启发性但并不确凿的证据，表明ALH84001中可能含有火星微生物的化石残骸，这些化石可以追溯到36亿年前。虽然对这些探测结果的真实性尚未达成共识，而且最终大多数科学家都拒绝接受这一推断，但这些说法确实推动了一系列积极火星探测任务的出现，因为人们想要发掘真相。

其次，1997年夏天“火星探路者”号收集的数据表明，着陆器着陆在火星一个古老的冲击平原上，而且火星表面曾经有过自由流动的水。此后，火星探索的大部分策略都建立在“随水而行”的原则之上。实际上，这种策

资巨大却没有实现预期成果，因此在之后的20年中都没有再发射火星着陆器。在此期间，机器人飞行技术突飞猛进。到20世纪90年代，科学家们开始用另一种方式研究火星上的生命问题，修正了早期关于太阳系包含地球以外生命的概念。他们承认，火星表面的液态水会立即冻结或蒸发，大气中也几乎没有水。尽管如此，他们断言，从太空中看到的火星地貌看起来像是因河流和湍急的洪水冲刷形成的。

20世纪最后十年出现了新的可能性，来自陨石ALH84001的证据和“火星探路者”号着陆器的数据显示，火星上曾经可能出现过自由流动的液态

略强调地球上的生命统统来自液态水，其他地方的生命也可能基于相同元素的化学反应。因此，为了寻找火星上的生命，无论是过去还是现在，美国国家航空航天局的策略必须跟着水走。如果科学家能在火星上找到液态水，很可能只在很深的火星表面下，那么就有可能证明生命存在。自 20 世纪 90 年代末以来，陆续登陆火星的太空探测器就验证了这些想法。最先证明这一可能性的是“火星全球勘测者”号，它于 1998 年抵达火星，开启了科学研究的新纪元。2000 年 6 月，在一场激动人心的新闻发布会上，天文学家迈克尔·马林探讨了他对着陆器收集到图像的分析，并指出火星上超过 150 个地理特征可能是由快速流动的水造成的。他提出，火星的表面深处可能真的有水，在地球上的经验表明，哪里有水，哪里就有我们所知的生命。“火星环球勘测者”号运行了多年，持续发回的火星表面图像显示出干涸的河床、冲积平原，水流冲击造成的火星峭壁和坑壁沟壑、积淀物也表明火星表面曾经有水流过。目前，大多数行星科学家认为，由于火星环境极其恶劣，复杂的生命形式不太可能在火星上进化。珀西瓦尔·洛厄尔提出的“先进文明”或“小绿人”只是故事而已。但是，许多科学家认为，有充分的证据表明，在数十亿年前，火星要比现在温暖得多、潮湿得多，当时可能出现过微生物进化。甚至，一些科学家进一步从理论上推断，也许在火星深处仍然有水存在。这样的话，简单的生命形式可能仍然生活在火星极地冰帽下，或是由火星核加热的地下温泉中。这些简单的生命形式大概相当于生活在地球基岩中的单细胞微生物。然而，行星科学家和天体生物学家很快补充说，这些都是未经证实的理论性的，尚未发现证据。

水。由于水是生命的基本组成部分，火星生命搜索出现了新转机：很可能曾经活着的生物在恶劣的环境中灭绝了。科学家们也许还能找到它。当然，地球上过去有水存在的证据令人信服。如果能够发现史前火星生物的化石，将对人类产生重要且深远的影响。尽管总是出现火星上不可能存在生物的新证据，许多科学家仍然没有放弃：他们适当调整了自己的期望值，但还在继续搜寻地球以外的生命。

关于火星，最令人兴奋的发现是它曾经是一颗富含水的行星，存在构成生命的基础，人们已经普遍接受了这一观点。火星仍然是一个令人神往的目的地，特别是在“火星全球勘探者”进行了奇妙的探测后。“火星全球勘探者”在 1998 年 3 月到 2007 年 1 月绕火星轨道运行并绘制了火星表面图，还拍摄了火星悬崖和陨石坑壁上的沟壑，表明在最近的地质时期，液态水已经渗透到火星表面。美国国家航空航天局的另一个轨道飞行器“奥德赛 2001”也证实了这个发现。“奥德赛 2001”号发现富氢地区位于非常寒冷的地区，那里的冰应该是稳定的。

高含氢量与预测的冰稳定性区域之间的关系使科学家们得出结论，氢实际上以冰的形式存在。在南纬 60°，富冰层在火星表面以下约 2 英尺；在南纬 75°，富冰层在火星表面以下约 1 英尺。这一证据表明，火星曾经比现在更适宜居住。当然，这里是否曾经存在过生物还不得而知。只有更多的时间和研究能够证明这些猜测是否属实。如果火星曾经真的出现过生物，那么人类在火星定居的机会就会成倍增加。如果有水，无论是液态还是固态，人类也许能够制造出许多其他在火星上生活和工作所必需的化合物。

这片岩石密布的红色土地距离火星乌托邦平原上的“海盗”2 号约两英里。科学家们认为照片中火星表面和天空的颜色代表了它们的真实颜色。微小的红色尘埃颗粒落在航天器表面。橙红色的天空也是由悬浮在大气中的尘埃颗粒造成的。摄像机的颜色校准图安装在航天器的三个位置。注意国旗上的蓝色星条旗和红色条纹，顶部的圆形结构是指向地球的高增益天线。“海盗”2 号于 1976 年 9 月 3 日着陆，距离 7 月 20 日着陆的“海盗”1 号大约 4600 英里（来源：美国国家航空航天局 / 喷气推进实验室）

1976 年 7 月 25 日，“海盗”1 号轨道飞行器在为“海盗”2 号着陆器寻找着陆点时，拍摄了火星北纬地区的这一区域。图片上出现的斑点因为缺少数据导致，称为字节误差，这是因为从火星到地球的摄影数据传输过程中出现了问题。字节误差在被侵蚀的岩石上形成了一只“眼睛”和两个“鼻孔”，在照片中心附近组成一张人脸。岩石的阴影好像鼻子和嘴的轮廓。行星地质学家将这个“人脸”的形成归结为纯粹的自然过程。这一特征直径 1.5 千米（1 英里），太阳角度约为 20°。这张照片是在 1873 千米（1162 英里）的范围内拍摄的（来源：美国国家航空航天局 / 喷气推进实验室）

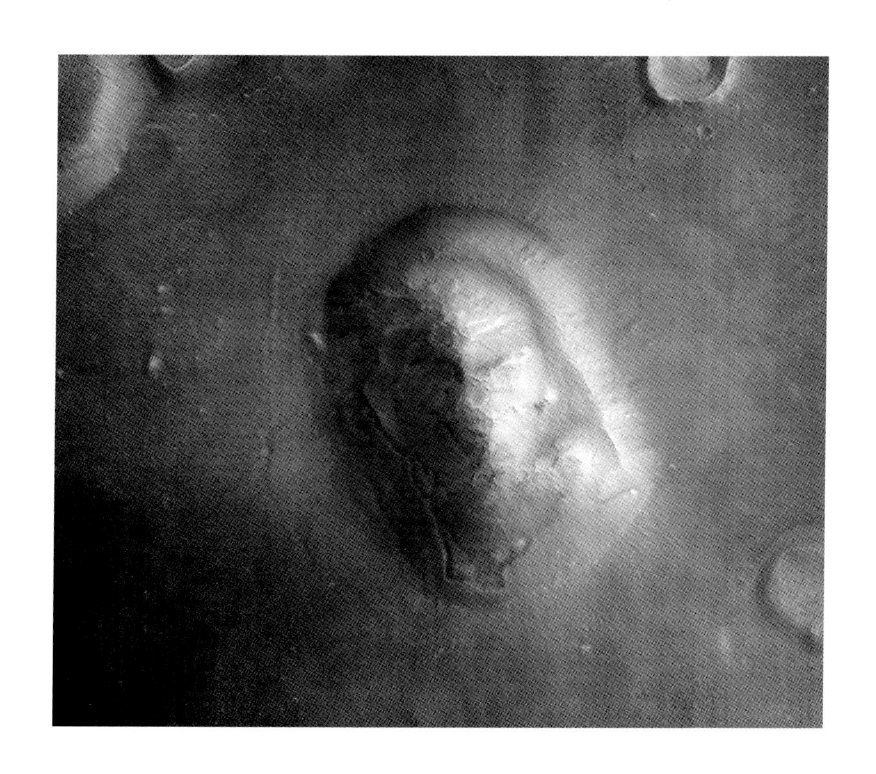

火星勘测轨道飞行器上的科学实验成像仪在2007年拍到了这张图片，在一个被侵蚀的平地上出现了一张"脸"，也就是著名的"火星人脸"。"海盗"号轨道飞行器的图像空间分辨率要低得多，光线的几何形状也不同（来源：美国国家航空航天局/喷气推进实验室）

"海盗"号在火星上的登陆代表了行星探索的一系列重大进展。首先，这是在火星上的第一次成功登陆。20世纪60年代曾有过月球软着陆，20世纪70年代初有过金星软着陆，但直到1976年才出现与地球最相像的火星登陆任务并且圆满完成。其次，通过着陆器上科学仪器收集的数据，科学家们证明了火星表面环境的严酷和恶劣。最后，"海盗"号的任务粉碎了关于太阳系其他地方可能存在生命的希望和梦想，但也使我们获得了更深入的了解。在这次任务中获得的知识改变了关于空间科学核心问题的讨论和调查的性质：我们在宇宙中是否孤立无援？

美国国家航空航天博物馆收藏的是1979年从美国国家航空航天局移交的一件结构动力学试验品。因为"海盗"1号和"海盗"2号留在了火星上，第三个飞行器被用来在地球上模拟"海盗"1号和"海盗"2号的行为，并测试它们对无线电指令的反应。早些时候，该试验品还曾被用于证明着陆器能否经受住任务中遇到的压力。1981年1月7日，美国国家航空航天局正式将"海盗"1号着陆器的所有权移交给美国国家航空航天博物馆。博物馆里展示的"试验品"事实上与"海盗"1号一模一样。美国国家航空航天局局长罗伯特·弗罗施将登陆火星的"海盗"1号着陆器改名为托马斯·穆奇纪念站，以纪念美国国家航空航天局第四任空间科学副局长、"海盗"1号着陆器成像科学小组前组长托马斯·穆奇。1980年10月6日，穆奇在攀登喜马拉雅山时失踪。

——罗杰·劳尼厄斯

"海盗"号着陆器规格说明：

制造商：马丁·玛丽埃塔公司
长：10英尺（3米）
高：6英尺6英寸（2米）
宽：10英尺（3米）
重量（未添加燃料）：1270磅（576千克）
运载火箭："泰坦"Ⅲ-E-"半人马座"

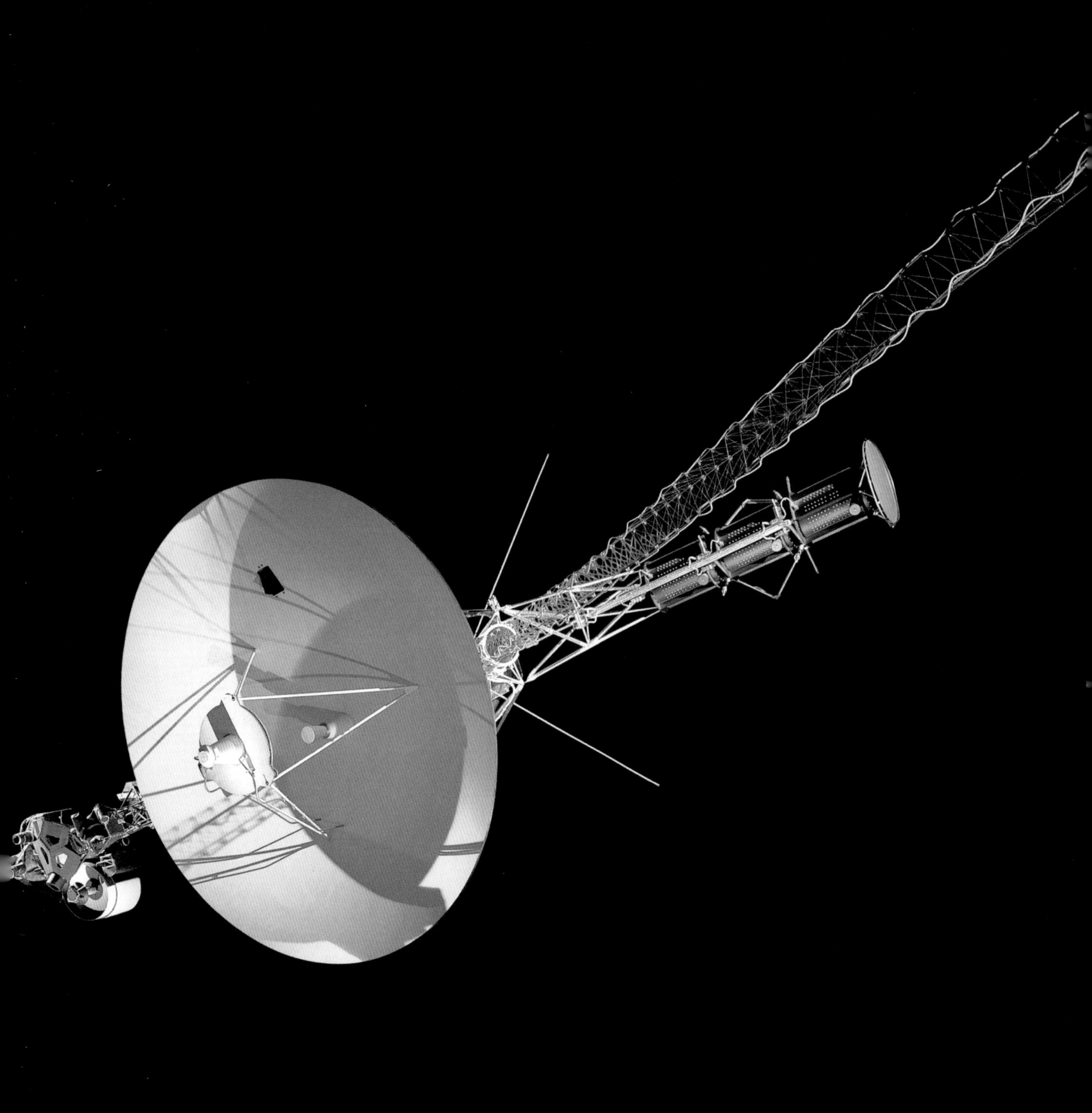

"旅行者"项目首席科学家爱德华·斯通曾经这样评价"旅行者"号飞船:"无所不能的航天器"。这样说一点也不为过。"旅行者"1号和"旅行者"2号取得了行星科学家在20世纪60年代想都不敢想的成就:一次大胆的外太阳系"大旅行",在一次任务中探索木星、土星、天王星和海王星四颗气态巨行星。经过这次"旅行","旅行者"1号和"旅行者"2号彻底改变了人们对太阳系外气态巨行星、它们无人问津的卫星以及太阳系与星际空间交汇产生的太阳风顶的认识。

20世纪60年代时,行星科学家们提出了"旅行者"项目。加里·法兰德罗、迈克尔·米诺维奇以及美国国家航空航天局喷气推进实验室的其他科学家和工程师发现,每隔176年,太阳系外的巨行星就会聚集在太阳的一侧。巨行星的下一次"聚会"在20世纪70年代末。行星科学家认为,必须利用这次机会,否则一定会抱憾终生。当然,这需要一个漫长的规划、发展和建设过程,然后是更加漫长的运行期。到目前为止,"旅行者"号已经花了40年的时间探索太阳系边界以及更远的地方。

这种短暂的行星排列提供了一个至关重要的优势:当飞船经过每一颗行星时,会在行星的引力作用下改变飞行路线,在此过程中增加的速度足以将

第九章 "旅行者"1号和"旅行者"2号

飞船送到下一个目的地。这个复杂的过程被称为"引力辅助",就像"弹弓"一样将飞船助推向下一颗行星。海王星是此次任务中最外层的行星,如果没有这种助推,飞船需要30年才能到达,但在这种作用下只需要12年。如果有不只一艘飞船,还可以到达当时还是第九大行星的冥王星,只需要借助木星和土星的引力将飞船朝冥王星的方向弹射。

在美国国家航空航天博物馆展出的"旅行者"号宇宙飞船是参与"大旅行"的"旅行者"1号和"旅行者"2号飞船的备用飞船(来源:美国国家航空航天博物馆)

1964年,美国国家航空航天局提议将"先锋"10号和11号作为探索木星和土星的第一批探测器,为"大旅行"打头阵。这种一时头脑发热的决策可能能够打开美国探索太阳系的大门,在冷战时期的太空竞赛中占据优势。但是,严格的预算和技术限制阻碍了项目进展,这两项任务的发射分别被推迟到1972年和1973年。尽管如此,"先锋"10号和11号发射升空后获得了宝贵的科学数据。两个探测器的设计直到发射前的两年多还在修改,但却执行了20年的任务,返回了有关两个最大气态巨行星的革命性科学知识。

美国国家航空航天局在1990年宣布,"先锋"11号正式离开太阳系,

“旅行者”号上的录音

“旅行者”1号和“旅行者”2号是历史上第三个和第四个被发射到星际空间的人造飞船。“先锋”10号和“先锋”11号携带的小金属牌标明了他们的来源，用于在遥远的未来遇到外星生物时表明身份。在“旅行者”号任务时，康奈尔大学的天体物理学家卡尔·萨根就希望在两个“旅行者”号飞船的外部添加“时间胶囊”，也就是一段录音。他说：“如果星际空间中存在先进的太空文明并且被飞船遇到时，才会播放录音。在宇宙的‘海洋’中放进这样一个‘漂流瓶’代表我们对这个星球上存在生命抱有希望”。

事实证明，“旅行者”携带的“地球之声”唱片是一个鼓励公众参与的好方法。甚至美国总统吉米·卡特也在1977年录制了《致外星人的声明》：“这是来自一个遥远小型世界的礼物，它是我们的声音、我们的科学、我们的意念、我们的音乐、我们的思考和我们的情感象征。我们正努力延缓时光，以期能与你们的时光共融。”

“旅行者”1号和“旅行者”2号上都有一个镀金铝板制成的盒子，里面是“地球之声”唱片，盒子上有蚀刻说明，可以用来播放唱片。盒子被固定在“旅行者”号探测器的外部，清晰可见，配有播放光盘所需的触控笔墨盒。萨根认为，除非与其他物体发生重大碰撞，否则飞船和录音应该能持续十亿年之久。

在盒子里是12英寸的镀金光盘，光盘上两个铜面背向粘合。面向飞船的一侧包含各种图像、人类的问候，地球的各种声音，以及1/3的音乐选择，

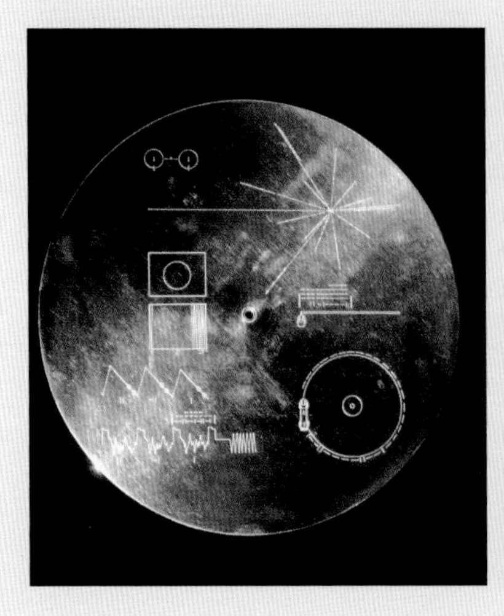

左：镀金铝盒子的设计是为了保护“旅行者”号的录音免受微陨石的轰击，盒子上还蚀刻了播放录音的关键步骤。盒子的内外两面都刻有说明图，因为担心外面的图会随着时间的推移而被侵蚀（来源：美国国家航空航天局）

右：“旅行者”1号和“旅行者”2号的镀金铜光盘上刻录了60种语言的问候，不同文化和时代的音乐样本，地球的自然和人为声音，以及先进文明可以转换成图表和照片的电子信息（来源：美国国家航空航天局）

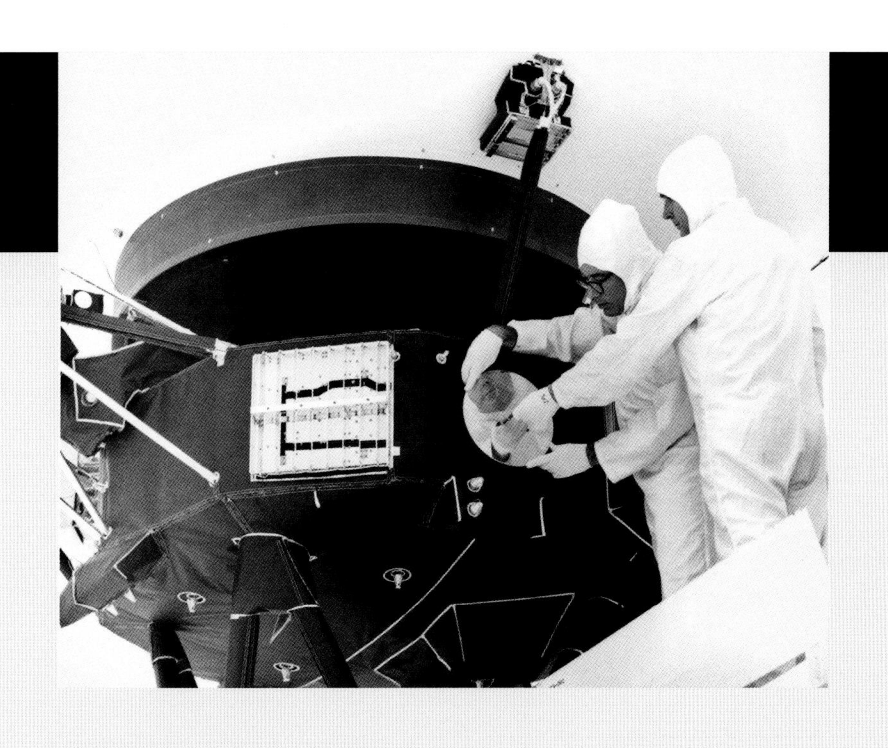

在发射前将唱片安装在“旅行者”1号上（来源：美国国家航空航天局）

外侧全部是录制的音乐。萨根领导的委员会负责决定选择哪些最能够代表地球生命和文化多样性的声音和图像。他们收集了116张图片和各种各样的自然声音，还用55种语言录制了来自地球的口语问候，包括6000年苏美尔语中的阿卡德语和中国的一种现代方言吴语，还有许多目前人们正在使用的语言。此外还有长达90分钟的音乐节目，内容不拘一格，包括查克·贝里的《约翰尼·古德》、莫扎特的《魔笛》、扎伊尔人的侏儒女孩入会歌、日本的尺八曲以及“盲眼”威利·约翰逊编写并演唱的《夜色降临》。

“旅行者”号上的录音唱片反映出了美国人丰富的想象力。关于地球以外生命接触可能性的猜测层出不穷。1977年，在深夜喜剧综艺节目《周六夜现场》的一集里，喜剧演员史蒂夫·马丁扮演的通灵师库瓦预言，在向太空发送唱片之后，返回地球的第一条信息将是十个字：再发一些查克·贝里的歌。

“旅行者”号的录音被许多科幻电影和电视剧引用，有时甚至被作为主要情节。在《星际迷航》（1979）中，一艘名为“威者”的巨型宇宙飞船威胁地球。随着剧情的展开，“企业”号联邦星舰击败了“威者”，在飞船上搜寻它的来源时发现了录音，并因此确定“威者”是一艘受损的“旅行者”号。此外，《星光侠》（1984）中出现了外星人因为听了“旅行者”号录音后造访地球的情节。当然，外星人与“旅行者”号接触的可能性很渺茫，但也不是完全没有可能。

美国国家航空航天博物馆收藏的“旅行者”号录音是在发射前录制的几个版本之一。1978年，美国国家航空航天局将其转交给史密森尼学会收藏。

经过柯伊伯带，向星际空间进发，直至银河系中心。这种说法可能有点为时过早，因为“旅行者”1号获得的科学发现表明，“先锋”11号实际上只是离开了日球层而已。对于大多数人而言，“先锋”11号离开的是哪里暂且先放一边，首要问题是应该如何定义太阳系的外部界限。如果将奥尔特彗星云计算在内，任何飞船都不可能在短期内离开太阳的影响区域。无论如何，人们普遍认为“先锋”11号是第一个离开太阳系的人造飞船。

“先锋”11号于1995年9月30日结束任务，美国国家航空航天局收到了它返回的最后一次信号。“先锋”10号执行任务的时间更长。地面站在2003年1月22日收到了最后一个非常微弱的信号。在最后一次接触中，“先锋”10号距离地球76亿英里，是太阳和地球之间标称距离的82倍。在这种距离，无线电信号以光速传播到地球需要11小时20分钟。“先锋”10号将继续像一艘“幽灵船”一样，无声无息地驶向红色星球毕宿五——金牛星座中的一等星。毕宿五距离地球约68光年，“先锋”10号需要200多万年才能到达。“先锋”10号飞行指挥大卫·罗齐尔在飞船最后一次返回信号时

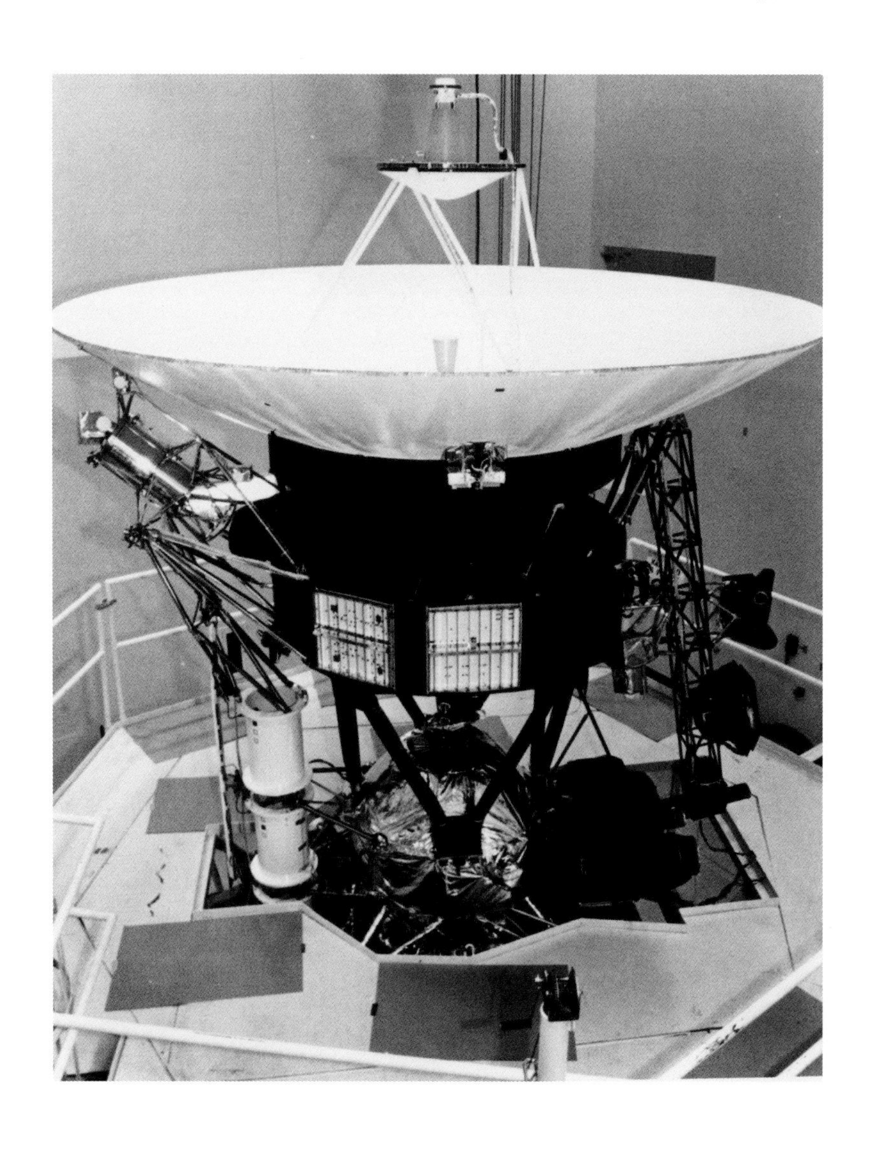

美国国家航空航天局喷气推进实验室的“旅行者”号原型飞船正在模拟的预期发射环境中进行振动测试。顶部的大型抛面天线直径12.1英尺（3.7米），用于与地球进行远距离通信。飞船的电力由三个核动力源提供（左下）。天线左侧闪亮的圆柱体上有一个折叠的臂架，在发射后，臂架向外延伸，将一个磁强计仪固定在距离飞船13米的地方。右边的桁架状结构是用于支撑三个科学仪器和一个扫描平台的仪器收藏架，可以使两个摄像机和其他三个科学仪器精确指向（来源：美国国家航空航天局）

说：“我代表艾姆斯研究中心和‘先锋’项目感谢深空网和喷气推进实验室的工作人员，是你们让我们能够在如此长的时间内接收到来自飞船的信号”。

与“先锋”10号和“先锋”11号一样令人刮目相看的是收获了大量科学数据的“旅行者”1号和“旅行者”2号。“旅行者”号的故事比“先锋”要复杂得多。早在1966年，美国国家航空航天局喷气推进实验室的负责人就提议对这四个外层气态巨行星进行一次“盛大考察”。这一任务需要一个能够自动修复的复杂航天器，并且寿命要比用于内行星的航天器长得多。美国国家航空航天局在1971年正式提出了宏伟的“大旅行”计划，但由于预算不足，而且科学家们因为花销和复杂性问题无法达成一致，于1972年取消了这一计划。1973年，原本预计探测四颗行星的“大旅行”计划以“水手－木星－土星1977”（MJS 77）的名字卷土重来。不屈不挠的任务设计者认为应该设计一种更加坚固的航天器，以抵达太阳系的外层区域。此外，该航天器至少应该能够工作25年的时间，因此需要能够可靠运行一系列科学仪器。

“旅行者”2号于1977年8月20日由一枚“泰坦IIIE-半人马座”火箭发射升空，比“旅行者”2号的发射早16天（来源：美国国家航空航天局）

为了简化任务、降低成本，“旅行者”号规划者关注了大量关于木星和土星的飞越研究，在20世纪70年代只有8.65亿美元预算（不到20世纪初类似任务成本的1/3）的情况下，工程师们在设计两艘“旅行者”号时的考虑是尽可能长时间地运行，以及尽可能多地执行科学任务。“旅行者”2号于1977年8月20日在肯尼迪航天中心首次升空。1977年9月5日，“旅行者”1号紧随其后，以更快的速度飞行，并且很快就超越了它的“兄弟”，首先到达木星和土星。正是这个原因美国国家航空航天局才决定这样命名。

两个“旅行者”号飞船携带了一系列复杂的科学仪器，用于对太阳系外部进行测量和成像。两根长天线用于射电天文学和等离子体波研究；长13米的吊杆上的磁力仪用于测量各种磁场；探测器上装有用于探测和测量宇宙射线和带电粒子的仪器，还有用于在红外和紫外波段收集数据的光谱仪。最后是一套可见光相机，包括两个在电视上使用的相机，一个分辨率低，一个分辨率高，并且每个相机都配有八个过滤器，作为早期太空任务中使用

1977 年 9 月 18 日，距离地球 725 万英里（1166 万千米）的“旅行者”1 号拍摄了地球和月球同画面的首张照片。可以看到东亚、西太平洋和部分北极。这张照片拍摄时，“旅行者”1 号位于珠穆朗玛峰的正上方（来源：美国国家航空航天局）

的光导摄像管。事实证明，这些仪器异常坚固，在整个任务期间一直正常运转。

地球上的控制人员利用通信、指挥和控制系统引导航天器对外太阳系调查，并将数据传回地球。姿态与衔接控制子系统用于控制航天器的方向，推进火箭用于修正航向。在用电方面，两艘“旅行者”号都使用放射性同位素热电机，这是外行星任务中使用的一项关键技术。对于在深空长时间飞行，无法获得太阳能的航天器来说，放射性同位素热电机是满足任务要求的唯一方法。这是一项非常简单的技术：放射性钚 238 衰变后产生热量，通过热电偶流向散热器，并在此过程中发电。热电偶通过一个闭环连接将电流输入航天器的电源管理系统。这种方法为“旅行者”1 号和 2 号提供了非常稳定的长寿命电源。

“旅行者”1号于1979年1月开始观测木星，同年3月5日到达距离木星最近的位置。在与木星相遇期间，“旅行者”1号拍摄了近19000张照片，还完成了许多其他科学测量。“旅行者”2号随后在1979年4月至8月间对木星系统进行了侦察，并于同年7月9日到达距离木星最近的位置。“旅行者”1号和“旅行者”2号一共拍摄了33000多张木星及木星五颗主要卫星的照片。这些从木星这颗太阳系最大的行星传回的图像和数据令人拍案叫绝。虽然几个世纪以来，天文学家一直在观测木星的云层和风暴，比如大红斑，但此次通过近距离观测获得的科学知识具有开创性。来自“伽利略”卫星的数据表明，土星上还有许多未知事物等待人类研究。“旅行者”号在木

1979年3月初，“旅行者”1号拍摄到了木星及其四颗与行星大小相当的卫星“伽利略”卫星。图中的卫星不是按照规定比例排列，而是按照它们与木星的距离排列：红色的是木卫一（左上），然后是木卫二（中间）、木卫三和木卫四（右下）。还有许多其他小得多的卫星围绕木星旋转，一些在木卫一的轨道内，另一些在距离木星数百万英里的地方（来源：美国国家航空航天局）

爱德华·斯通

没有人比爱德华·斯通更了解“旅行者”1号和“旅行者”2号。他是该计划的首席科学家，在两艘飞船离开太阳系后仍然担任科学团队的重要职位。斯通于1936年1月23日出生于爱荷华州诺克斯维尔。1967年，他加入加州帕萨迪纳市加州理工学院物理系。此后，他一直专注于宇宙辐射研究，为美国机密的“发现者”（或“日冕”）系列卫星开展了飞行实验，这些实验从20世纪60年代一直持续到70年代。这项研究最终得出了一套关于近空间辐射的科学数据。

1972年，斯通加入“旅行者”计划。喷气推进实验室的巴德·舒尔迈耶邀请斯通担任首席科学家。巴德·舒尔迈耶是1977年“水手－木星－土星”任务的首位项目经理。此前，斯通曾为两艘“旅行者”号飞船设计了一项宇宙射线实验；成为项目的首席科学家后，他在把握科学任务方向的同时也在扩展自己的科学调查。斯通承担了许多职责之外的工作，比如协调11个科学团队的工作，还担任了航天器工程团队的中心联络人。他在喷气推进实验室的工作本来只是兼职，但很快转为全职，因为他肩负的“旅行者”号责任实在太多。喷气推进实验室由加州理工学院为美国国家航空航天局运营。但他保留了教职，并最终回到大学执教。

在斯通担任首席科学家期间，“旅行者”1号和“旅行者”2号完成了与木星和土星的壮观相遇，“旅行者”2号继续前往天王星和海王星，两艘飞船都在持续开展深空探测研究。斯通不仅能够平衡任务科学家和项目工程师的需求和期望，还针对一系列微妙问题积极谈判并达成协议。他还非常善于与政界人士打交道，不厌其烦地向领域外的人解释任务细节，深入浅出地将错综复杂之处理出头绪，最终积累了一些政界支持者。

1990年喷气推进实验室主任卢·艾伦退休时，斯通显然是接替他出任的最佳政治选择。在斯通任职的十年，美国国家航空航天局经历了三届总统

卫一卫星上发现了活火山活动，这是此次探索中最大的惊喜，因为当时还没有在太阳系的其他天体上发现过活火山。此外，在几乎没有陨石坑的木卫二上发现了破裂的冰壳，这是人们首次推测出木星深处可能存在液体海洋，因此可能存在水生生物。最后，“先锋”10号和11号任务和“旅行者”1号和2号任务之间带电粒子的变化证实了木星的磁层是动态变化的。

爱德华·斯通自1972年开始至今，一直担任探索太阳系外的“旅行者”计划的首席科学家。他在完成物理学博士学位后加入了加州理工学院。1991年1月至2001年4月，担任加州帕萨迪纳喷气推进实验室主任。

政府预算削减。尽管预算缩减，但官员们却不希望空间科学任务的质量或数量有所下降。在斯通的任期内，行星科学取得了令人难以置信的成功，也经历了毁灭性的灾难。其他著名的计划包括对木星及其卫星进行长期探索的“伽利略”任务，以及于1997年发射，主要探索土星系统的“卡西尼 - 惠更斯”号飞船。1993年“火星观察者”号失踪事件时也是斯通坐镇，此次事件几乎导致火星探测的终止，在他的努力下，火星探测任务以较低的预算逐渐复活。

1999年，斯通和他的顾问们失去了两项火星任务：火星气候轨道器和火星极地着陆器。喷气推进实验室也因此遭到严厉冲击：预算和进度紧缩，对可靠性要求增加。在项目管理“铁三角”（成本、进度和可靠性）方面的严格控制令他们喘不过气来。随后斯通进行了重组，成立了飞行项目理事会。飞行项目理事会将成功项目实践编制成册，以确保此类事故不再发生。

2001年4月，爱德华·斯通完成了在喷气推进实验室主任的工作，在退休后回到加州理工学院物理系担任副教务长一职。此后斯通一直从事各种科学研究，包括在21世纪的第二个十年担任“旅行者”号星际任务的项目科学家。

“旅行者”1号和2号与木星的相遇取得了巨大成功。尽管几个世纪以来，天文学家一直通过地球上的望远镜研究木星，但“旅行者”号的许多发现还是让科学家们感到惊讶。他们第一次发现大红斑是一场复杂的逆时针运动风暴。“旅行者”1号和2号观测到木卫一上出现过九次火山喷发，而且有证据表明，在两艘“旅行者”号与木卫相遇期间，还出现过其他火山喷发。

这是一张“旅行者”2号拍摄的从赤道延伸到南极纬度的木星图像。可以看到一个白色的椭圆，这个椭圆不同于“旅行者”1号在类似位置观察到的椭圆，位于大红斑的南部。一大片白色云团向东延伸，接近它的北部边界，阻止了小型云涡的靠近。红斑以西的扰动区也发生了变化，出现了更多小型结构和云涡。这张照片拍摄于1980年7月3日，距离木星372万英里（600万千米）（来源：美国国家航空航天局）

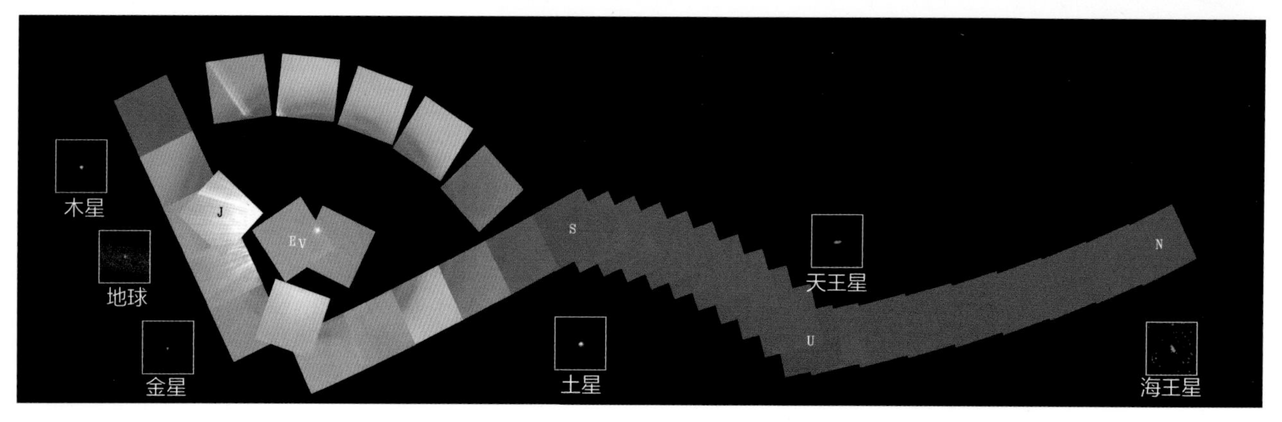

1990年2月14日，“旅行者”1号的相机对准太阳，拍摄了一系列太阳和行星的照片，这是我们有史以来第一次从外部拍摄太阳系。在拍摄这幅由60帧画面组成的拼图过程中，“旅行者”1号从距离太阳系平面约40亿英里（约32亿千米），并且呈32°夹角的位置拍摄了几张太阳系内部的图像。从“旅行者”号的遥远距离来看，地球和金星仅仅是两个小小的光点，在窄角相机里还没有一个像素点大。巧合的是，因为距离太阳的位置太近，产生了一束散射光线，地球正好位于这束光线的中心。科学家卡尔·萨根将这张地球的特写照片称为“暗淡蓝点”（来源：美国国家航空航天局）

木卫一火山的羽状物延伸到木星表面以上190多英里的地方；木星和其他卫星之间的潮汐作用产生了这些羽状物。

“旅行者”1号和“旅行者”2号随后继续前往土星，分别在1980年11月和1981年8月到达。在与土星相遇的过程中，“旅行者”1号和“旅行者”2号进行了范围更广、更近距离的观察，并且通过高分辨率测量得到了

这张土星系的拼贴图由“旅行者”1 号于 1980 年 11 月拍摄的照片组成。最前面是土卫四；在后面升起的是土星；右侧渐行渐远的是土卫三和土卫一；左侧逐渐远离土星光环的是土卫二和土卫五；土卫六在最上方的遥远轨道上（来源：美国国家航空航天局）

视觉图像。“旅行者”1 号和“旅行者”2 号成果颇丰，其中一个发现是土星的大气层几乎完全由氢和氦组成。科学家对土星复杂的卫星系统也很感兴趣。总的来说，飞船发现了五颗卫星和一个由数千个环组成的环系统；发现了一个新的光环（G 环），还发现 F 环的两侧都有“牧羊人”卫星，保护光环不会破裂四散。

与土星相遇的一个主要目的是拍摄土卫六。土卫六是太阳系中最大的卫星，也是最有趣的天体之一，因为它是唯一一颗拥有浓厚大气层的卫星。在与木星相遇后，“旅行者”1 号飞到了距离卫星 2500 英里（4000 千米）以内的地方，“旅行者”2 号则没有沿着土卫六的轨道飞行。飞行控制人员选择近距离接近，这导致飞船无法继续飞向天王星或冥王星，从而结束了“旅行者”1 号“大旅行”的可能性，因为飞船飞出了太阳系的黄道平面。但是

“旅行者”号的星际任务

21 世纪初，“旅行者”1 号和“旅行者”2 号仍在持续提供关于日鞘层和太阳风顶层的重要科学数据。日鞘层和太阳风顶层的太阳风流动会在猛烈冲击到恒星之间的带电粒子和原子时停止，恒星位于银河系的磁场中。美国国家航空航天局将这次调查称为“旅行者”号星际任务。虽然放射性同位素热电机的电输出下降，“旅行者”号无法再获得图像，但科学家们已经能够使用低功率仪器继续研究太阳系的外层区域。近年来，在飞船上进行的高能粒子、宇宙射线、等离子体波和磁场实验提供了关于这一完全未知区域性质的新数据。

“旅行者”1 号不仅是目前距离地球最远的宇宙飞船，而且它还朝着太阳系在宇宙中运行的过程中太阳在超薄星际介质中“吹”出的泪珠状气泡的头部行进。因此，“旅行者”1 号是第一个可能到达星际领域的人造飞船。2012 年 8 月 25 日，“旅行者”1 号根据遇到的低能粒子水平、测量到的宇宙射线以及周围带电粒子密度的变化，完成了对太阳风顶层的航行，并因此成为第一个进入星际介质的人造飞船。但这项任务的科学家们花了一年时间才认识到这一点。

2012 年 12 月 3 日，“旅行者”号项目科学家爱德华·斯通和他的同事斯塔马迪奥斯·克里米吉斯、伦纳德·布拉加在美国国家航空航天局的新闻发布会上表示：“根据初步数据，‘旅行者’号发现了一个日光层新区域。显然我们还在日光层里。但是目前的磁场已经与外部相连。所以这就像是一条供粒子进出的高速公路”。斯通和同事们认为，从本质上讲，星际介质的压力会压缩太阳磁场，从而产生了一个比以前强十倍的局部磁场。

2013 年 4 月和 5 月，在“旅行者”1 号上进行的等离子体波实验发现了新证据。“旅行者”1 号开始探测飞船周围带电粒子的振荡。这些波由一组非常强烈的太阳风暴产生的气体引起，风暴推动了太阳影响区域和星际介

“旅行者”1 号与这颗神秘卫星的相遇揭开了它的真面目，这是一个环境复杂的地方，有厚厚的云层和水冰。“旅行者”1 号还发现，土卫六的大气由 90% 的氮组成，与地球大气的主要成分相同。土卫六的表面压强和温度分别为 1.6 大气压和零下 180 摄氏度。由于卫星表面全部被阴霾遮蔽，无法拍照，科学家们一直希望能够了解更多这颗独特且神秘的卫星。这个愿望终于在

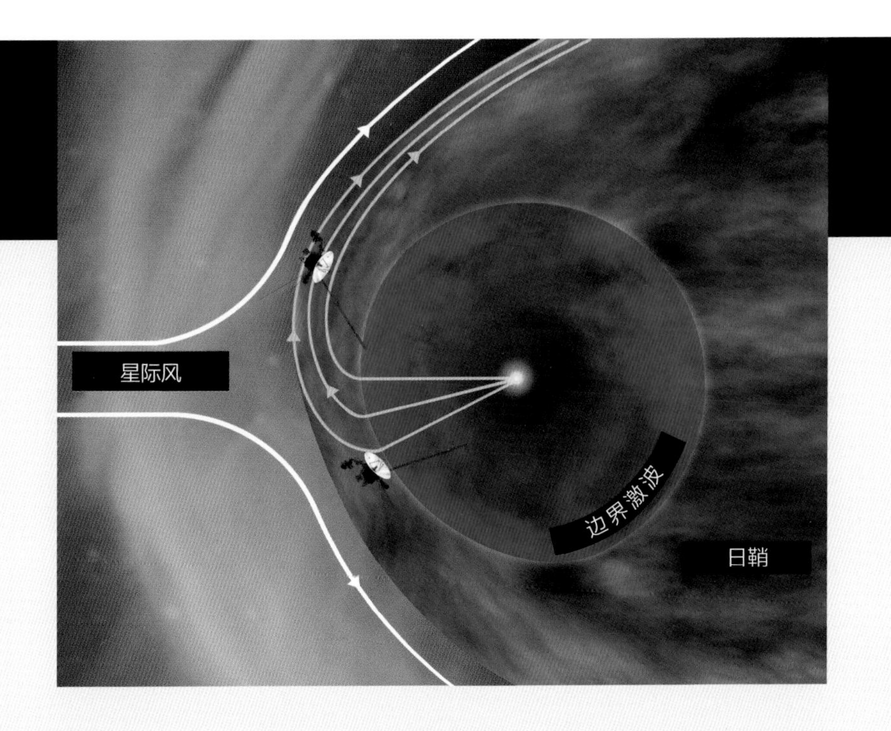

这幅艺术插图展示了美国国家航空航天局“旅行者”1号沐浴在来自南半球向北流动的太阳风中。（“旅行者”2号在更靠南的地方。）这种现象在日光层的外边界内形成了一个层，也就是围绕太阳的巨大太阳离子气泡。当外部压力对称时，来自太阳北半球行星平面以上的气流将全部向北，来自南半球的气流将全部向南。然而，星际磁场对南半球边界的压力更大，迫使一些来自南方的太阳风向北转向“旅行者”1号（来源：美国国家航空航天局）

质之间的边界。由唐纳德·格内特和威廉·库尔特领导的实验科学家们在2012年10月和11月的数据中发现了弱波，这是由于早期的一系列太阳风暴造成的。他们从这两起事件中推断得出如下结论，该航天器确实在2012年8月25日进入了星际空间。“旅行者”号科学团队召开了三次会议，在经过辩论后达成一致，这两个区域之间的过渡与人们的预期完全不同，而且实际情况也要复杂得多。有一件事是明确的：“旅行者”号在载人航天探索中完成了一个历史性的里程碑。

为了节省能源，两艘“旅行者”号上的大多数航天器系统已经关闭，星际任务也将在未来几年终止。美国国家航空航天局宣布，在2015年关闭“旅行者”2号的陀螺仪，在2016年用不用注明？关闭“旅行者”1号的陀螺仪，航天器可以继续指向地球，但如果要改变航天器的方向，就需要陀螺仪，这是进行重要测量的关键。但至少在那之前，两艘飞船仍然可以继续发回数据，帮助我们了解太阳影响区域如何与恒星之间的物质相互作用。在发射30多年后，“旅行者”号还在继续着它们的历史使命。

21世纪初的“卡西尼-惠更斯”号任务中实现了。除了土卫六，“旅行者”1号还拍摄了土卫一、土卫二、土卫三、土卫四和土卫五等卫星的照片。“旅行者”1号的最后一个成像序列是拍摄太阳系的大部分区域，地球和其他六颗行星就像黑暗天空中的火花，被一颗明亮的恒星（太阳）照亮。

随着“旅行者”1号探测土卫六的成功，飞船的任务目标也就此实现，

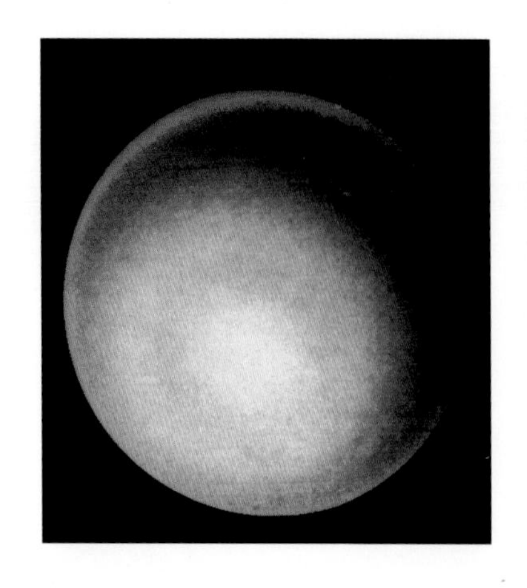

左：这张经过计算机强化的“旅行者”2号拍摄的图片强调出了天王星上层大气中的高层雾霾。下面的云层很模糊（来源：美国国家航空航天局）

右：这张海王星的照片由“旅行者”2号的窄角相机拍摄，拍摄位置距离这颗行星440万英里（700万千米），距离最近距离接触还有4天20小时。可以看到大黑斑及其周围的亮斑；西侧快速移动的明亮特征称为风暴云和小黑斑。在它们的北面，可以看到一条类似南极条纹的明亮云带。几年后，当“哈勃”望远镜拍摄到这颗行星时，这些大气特征发生了变化，这表明海王星的大气层是动态的（来源：美国国家航空航天局）

因此“旅行者”2号在接近土星系统时以之后能够继续到达天王星和海王星的方式进行。1981年8月26日，“旅行者”2号在不到63000英里（101000千米）的距离接近土星。新发现的F环及其“牧羊人”卫星的惊人图片让所有人喜出望外。“旅行者”2号还拍摄了土卫七、土卫二、土卫三和土卫八的卫星图像。

任务科学家们无法抗拒让“旅行者”2号飞越最外层两颗巨行星——天王星和海王星的诱惑。因此，美国国家航空航天局必须作出一个决定，是让“旅行者”2号继续探索天王星，还是加深对土卫六和土星环的研究。这两项活动不可兼得。“旅行者”号项目经理雷蒙德·希科克在1980年10月说道：“从‘旅行者2号’的健康状况和推进剂供应来看，可以飞过土星到达遥远的天王星，甚至海王星等行星区域。21世纪不可能再次出现这种机会。出于这一原因，加上我们对天王星和海王星系统性数据的缺乏，科学界强烈支持‘旅行者’2号继续前往天王星。我们还评估了在更远距离操作‘旅行者’2号的能力，没有发现任何重大问题”。美国国家航空航天局官员表示同意。当“旅行者”2号飞越太阳系时，科学家们通过无线电对其进行了重新编程，将最后两颗气态巨行星作为目标。

1986年1月，“旅行者”2号到达了距离太阳第七近的行星——遥远的天王星。1月24日，“旅行者”2号到达了距离天王星最近的位置，距离天王星云层顶部50600英里（81433千米）。“旅行者”2号传回了天王星及其卫星，以及它强大磁层的数千张照片和其他类型的测量数据。最重要的是，“旅行者”2号的仪器发现了两个在地球上没有探测到的新光环，以及10颗五大卫星以外、从未见过的卫星。

“旅行者”2号从天王星出发，继续前往海王星，并于1989年8月抵达。飞船在距海王星北极3000英里（4828千米）的范围内飞行，并到达了它最大的卫星——海卫一，这是“旅行者”2号在太阳系外航行时遇到的最后一个天体。

“旅行者”2号探索了所有四颗巨大的外行星，包括它们独有的光环和磁场系统，以及 48 颗卫星。“大旅行”伴随着 1989 年 8 月对海王星的成功探测而结束。总体而言，“旅行者”1 号和“旅行者”2 号向地球传回的信息彻底改变了行星科学的面貌，帮助解决了一些关键问题，同时提出了一些关于太阳系起源和演化的有趣新问题。两艘“旅行者”号拍下了十万多张外行星、光环和卫星图像，收集了数以百万计的化学光谱、磁场和辐射测量数据。它们在木星周围发现了光环，在土星的光环中发现了“牧羊人”卫星，在天王星和海王星周围发现了新卫星，在海卫一上发现了间歇泉。1998 年 11 月 17 日，“旅行者”1 号超过“先锋”10 号，成为距离地球最远的人造飞船，达到 69.419 天文单位（AU）。自那以后，“旅行者”1 号一直沿着鹿豹座“格利泽 445”恒星的大致方向向外延伸。

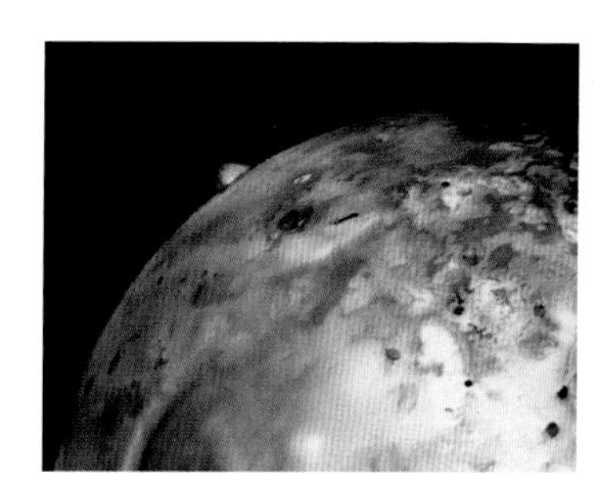

“旅行者”1 号于 1979 年 3 月 4 日从 30.4 万英里（49 万千米）外拍摄到了这张木卫一的照片。在木卫一明亮的边缘上，可以看到一个巨大的火山爆发轮廓。羽状物的亮度增加，因为通常亮度非常微弱，但羽状物的相对颜色（白绿色）没有改变。固体物质被抛到大约 100 英里（160 千米）的高度，弹射速度大约为 1200 英里 / 小时（1900 千米 / 小时）。喷口区域是一个复杂的圆形结构，由一个直径约 300 千米的明亮光环和一个明暗交替的不规则图案组成的中心区域构成（来源：美国国家航空航天局）

据美国国家空间科学数据中心报道，“旅行者”号探测外行星过程中获得的一系列重大科学发现包括：

天王星和海王星的磁层，这些磁层都高度倾斜，与行星的旋转轴相距甚远，这表明它们的来源与其他磁层明显不同。

“旅行者”号发现了 22 颗新卫星：3 颗木星的卫星，3 颗土星的卫星，10 颗天王星的卫星，6 颗海王星的卫星。

木卫一有活跃的火山活动，这是太阳系中除地球外唯一确认存在活火山的天体。

海卫一具有活跃的间歇泉结构和大气。

木星、土星和海王星的两极都有极光带。

木星有光环。土星的 B 环中包含辐条，F 环中包含辫状结构。在天王星发现了两个新的光环。海王星的光环，最初被认为只是环形弧，后来确认是完整的光环，由微小材料组成。

海王星曾经被认为过于寒冷而无法支撑大气扰动，但此次发现存在大规模风暴（特别是大黑斑）。

虽然主要任务在 1989 年结束，“旅行者星际任务”（VIM）一直持续到现在。

美国国家航空航天博物馆展出了“旅行者”号的模型。该模型使用当时的“开发测试模型”创建，策展人增加了一些部件，使其看起来与真正的“旅行者”号更相似。展出的模型由加利福尼亚州帕萨迪纳的喷气推进实验室制造，1977 年被美国国家航空航天博物馆购得，不久后在博物馆的“行星探索展”上展出。有趣的是，这个“旅行者”号模型为太空探索做出了真正的贡献。1987 年，喷气推进实验室将该模型的总线拆下，用于开发“麦哲伦”号金星着陆器，因为两者的设计十分相似。

——罗杰 · 劳尼厄斯

“旅行者”号规格说明：

长：57 英尺（17.37 米）
高：9 英尺 6 英寸（2.90 米）
宽：21 英尺（6.40 米）
高增益天线：直径 12 英尺(3.66 米)
重量（未添加燃料）：1800 磅（816.5 千克）
制造商：美国国家航空航天局 / 喷气推进实验室
运载火箭：“泰坦Ⅲ -E- 半人马座”

USA
NASA
Discovery

在航天飞机计划经历了长时间的停滞后，“发现”号航天飞机终于安然出现在发射台上，准备将宇航员送入太空。1986 年“挑战者”号航天飞机在第 10 次发射时发生爆炸；2003 年“哥伦比亚”号航天飞机在第 20 次再入时坠毁，经历了这两次事件后，人们对“发现”号航天飞机重返太空寄予了厚望。“哥伦比亚”号航天飞机事件后的两次任务都是“发现”号航天飞机完成的，主要是试飞任务，目的是验证“哥伦比亚”号航天飞机致命事故原因的补救措施是否有效。“发现”号航天飞机的宇航员们无可挑剔地执行了任务，恢复了人们对航天飞机项目的信心，尽管过程中经历了一些磨难。

航天飞机中的冠军称号非“发现”号航天飞机莫属，但这不仅仅是因为它将宇航员们重新送上太空，而且比“哥伦比亚”号、“挑战者”号、“亚特兰蒂斯”号和“奋进”号航天飞机执行的任务次数都要多（总共执行了 39 次任务）。还因为“发现”号航天飞机的服役时间最长（27 年），在巅峰时期的工作时间（累计 365 天）也最长。“发现”号航天飞机的飞行历史始于 1984 年，当时正处于航天飞机机队最繁忙的时期，2011 年项目结束后，“发现”号航天飞机也结束了飞行。“发现”号完成了航天飞机能

第十章 “发现”号航天飞机

完成的各类任务，实现了航天飞机能实现的所有使命。“发现”号航天飞机在完成的任务种类和创造史无前例的纪录方面是其他航天飞机无法企及的。

“发现”号航天飞机的故事实际上是整个航天飞机发展历史的缩影。在“发现”号航天飞机执行的 39 次任务中，有成功也有失败，真实地反映了美国在 40 年里，为使人类在地球轨道上的飞行更加常规、实用、经济和安全。“发现”号航天飞机无疑是航天飞机时代最耀眼的明星。

航天飞机诞生于 20 世纪 70 年代，算是对当时困扰美国的两个问题的解答：美国在将人类送上月球之后，接下来在太空应该做些什么？美国如何继续以比登月任务更低的成本将人类送上太空？美国对成本高昂且劳心劳力的空间站或火星任务没有兴趣，于是决定发明一个新的太空运输系统，一架环绕地球陆续执行任务的航天飞机，以降低航天飞行成本。如果这项任务能够取得成功，还可以为以后的空间站或深空探险铺平道路。

该计划的核心部件，通常被称为“太空卡车”或航天飞机，是一个可重

1984 年 8 月 30 日，“发现”号航天飞机第一次发射升空，之后共执行了 39 次任务。此次任务中，六名宇航员将部署三颗通信卫星并进行科学实验（来源：美国国家航空航天局）

航天飞机包括轨道器、外部推进剂贮箱和两个可重复使用的固体火箭助推器。图中是2005年“发现”号航天飞机在STS-114返航任务中升空（来源：美国国家航空航天局）

复使用的轨道飞行器。飞行器的空间必须足够大，以承载人员和有效载荷，而且必须具有多种功能，以实现未来宇航员们各种别出心裁的想法。航天飞机与两个固体火箭助推器相连，由一个巨大的外部燃料箱向三个内部发射发动机泵入液体推进剂，在8.5分钟内急速驶离地球，进入轨道。航天飞机在上升过程中脱离助推器和燃料箱，然后开始在115至400英里（185至644千米）的高度范围停留2至18天。航天飞机表面覆盖着由陶瓷和表面层组

成的创新型热防护系统。航天飞机从太空下降后会降落在跑道上，然后进入维修区，为下一次任务做准备。

这种轨道飞行器更像是飞机，而不是航天器。航天飞机没有太空舱，但是有机翼和轮子，大小类似于波音737客机。宽阔的三角翼能够增强飞机机动性，使其在没有动力的情况下也能滑翔回陆地。航天飞机有一个垂直尾翼，也叫作垂直稳定器，还配有方向舵/速度制动。飞机的底部有两个球状舱，用来装轨道机动发动机和舰尾反应控制系统推进器，这些器械主要在太空中使用。机舱分为两层：上层是主舱，与中舱构成生活区，最多可容纳七人（两层可容纳八人），舒适程度类似于露营帐篷或游艇。乘员舱后面是一个长18.3米、宽4.6米的狭长有效载荷舱。这里用于放置卫星、实验室和观测台以及开展大型试验，后来被作为国际空间站的主梁和舱室。

在构想可重复使用的航天飞机时主要的考虑是节省人类航天飞行的巨大成本，有效开发近地轨道空间，如在太空中日常生活和工作。在早期令人兴奋的研制阶段，规划人员设想的是航天飞行可以像航空公司一样定期提供服务，由五架轨道飞行器组成的机组将从佛罗里达州和加利福尼亚州的发射场每周发射一次。但这种想法过于乐观，因为各种各样的现实原因而没能实现。首先，航天飞机本身并没有按照预期的设想研制出来。飞机没有达到完全的可复用，为了降低开发成本而牺牲了一部分性能。但这种妥协反而提高了运营成本。航天飞机是有史以来技术最复杂的太空飞行器，就像高性能赛车一样需要小心维护，无论是在地面上还是在太空中。美国国家航空航天局被迫让一个专门的工程师和技术人员团队负责航天飞机维护。由五个轨道飞行器组成的机组也没有获得批准，位于美国西部的基地最终因为从未真正用于发射航天飞机而关闭。

“发现”号于2011年3月9日第一次着陆，结束了飞往国际空间站的STS-133任务。可重复使用的航天飞机轨道器由运载火箭、乘员舱、载货舱和滑翔机组成（来源：美国国家航空航天局）

建造太空运输系统的初衷是满足美国在商业、科学和国家安全方面的发射需求。那么，航天飞机必须可以作为所有类型有效载荷的唯一运载工具。航天飞机上的工程师和科学家比驾驶员还要多，因此可以提供各种服务，如检查出错的卫星、在轨道上修复故障或故障设备、开展实验研究以及组装大型空间结构。然而，出于各种原因，实际并没有出现对航天飞机的巨大需求。一些心急的顾客体验了航天飞机的服务，但运营成本都没有收回来。

在航天飞机开始服役之前，怀疑论者就对其效率提出质疑，他们从始至终都不认同航天飞机的优势。然而，从

抵抗再入大气层时产生的热量：防护瓷砖与防护层

从“发现”号机身上已经褪色的斑驳彩色瓷砖和防护层可以看到它的历史。这些瓷砖曾经是纯净的白色和闪耀的黑色，现在大部分已经变成了米黄色和灰色，绝大部分是因为反复暴露在再入大气层时灼热的高温下而失去了光泽。瓷砖接缝处又细又直的灰白色条纹是轨道飞行器以 25 倍的声速下降时留下的痕迹。

机身和表面主要是铝合金和复合材料，能够抵挡 350 华氏度 (175 摄氏度) 的高温。当飞机高速通过大气层时，即使是在最薄的部分，也能够产生 3000 华氏度 (1650 摄氏度) 的高温。需要返回地球的飞船通常配有防热罩，但防热罩会在下降过程中逐渐被燃尽，受损的防护罩无法再次使用。因此，航天飞机需要可复用、可修复的防护罩，此外，考虑到飞机重达 100 吨，防护罩的材料必须非常轻。

“发现”号的热防护系统是由二氧化硅砖和柔性二氧化硅层组成的外壳，其中含有的气体材料多于固体材料。这种外壳重量极轻，能够缓慢吸收热量，将机身表面温度保持在 350 华氏度 (175 摄氏度) 以下。黑色瓷砖覆盖了机身下部、鼻翼、窗框、尾翼边缘和机翼后缘，以及发动机和助推器喷注器周围的区域，可抵挡 2300 华氏度 (1260 摄氏度) 的高温。白色的瓷砖和防护层覆盖机翼和机身的上表面和侧面，这些部位只会暴露在较低的温度下，因为一部分受到机头向上再入角的保护，这使得机身下方的黑色部分承受了热量的冲击。航天飞机的机头和机翼前缘加固了碳 / 碳复合材料防护，用于抵御最极端的高温。

1981 年第一次成功发射到 1986 年“挑战者”号的惨案发生，航天飞机的飞行频率和持续时间有增无减。仅 1985 年一年就发射了九次。1986 年更加繁忙，三个轨道飞行器发射了十五次，平均每月发射一次。航天飞机开始成为一种常规太空运输工具。然而，“挑战者”号事故后，航天飞机的运营停止了近三年。20 世纪 90 年代，平均每年能够有七八次发射任务。在接下来的 17 年里，航天飞机的发射几乎没有停顿，直到“哥伦比亚”号失事，航天飞机服务暂时停止。

“发现”号航天飞机首次亮相是在航天飞机项目发展势头正劲的时候。它的第一次任务是在 1984 年 8 月 9 日发射 STS-41D，当时排在计划表的第 12 位。

“发现”号表面斑驳、褪色，布满条纹，这是它一次又一次往返太空的记录（来源：美国国家航空航天博物馆）

机身上大约有 24000 块瓷砖，每一块都有专属的零件编号，尺寸和形状都是根据它们在机身上的具体位置定制，并且每一块都是手工安装的，这比单片防护罩的安装过程要艰辛得多。这种拼接防护罩的一个优点是，损坏的瓷砖和防护层可以单独替换，而不会影响其他部分。平均每次任务后，大约需要换掉 100 块瓷砖。目前机身上还保留着大约 18000 块原装的黑色瓷砖，但已经出现条纹，并且老化后呈灰色，与闪亮的黑色替代品形成鲜明对比。尽管最初在安装和黏合瓷砖时遇到了一些挑战，但事实证明这种新颖的解决方案行之有效，而且已经被用于后航天飞机时代的一些航天器。

“发现”号机身上的防热瓷砖有两个微小但却十分重要的特征：两个窗框下像泪滴一样的黑色瓷砖，以及左机翼下一个短的凸起楔块，这是“发现”号最后一次飞行时空气动力学实验留下的残骸。这两个小特征非常不易察觉，但标志着“发现”号航天飞机独一无二的经历。

“发现”号航天飞机的轨道飞行器编号为 OV-103，于 1983 年交付给佛罗里达州，是继“哥伦比亚”号和“挑战者”号航天飞机之后生产的轨道飞行器。由于轨道设计结构改变，“发现”号比之前的航天飞机重量轻 7000 磅，因此可以携带更重的有效载荷。“发现”号航天飞机生产完成后立即投入使用，主要用于运输卫星。美国空军希望将“发现”号航天飞机用于国家安全任务，因此将其储存在加州的范登堡空军基地。在不到两年的服役期里，“发现”号航天飞机完成了六次飞行，其中包括三次连续飞行，这一频率已经接近“挑战者”号航天飞机三年九次任务的飞行纪录。“发现”号航天飞机大有作为，有望接棒“挑战者”号，成为下一任航天飞机中的“冠军”。

宇航员额外的“手”：加拿大机械臂遥控系统

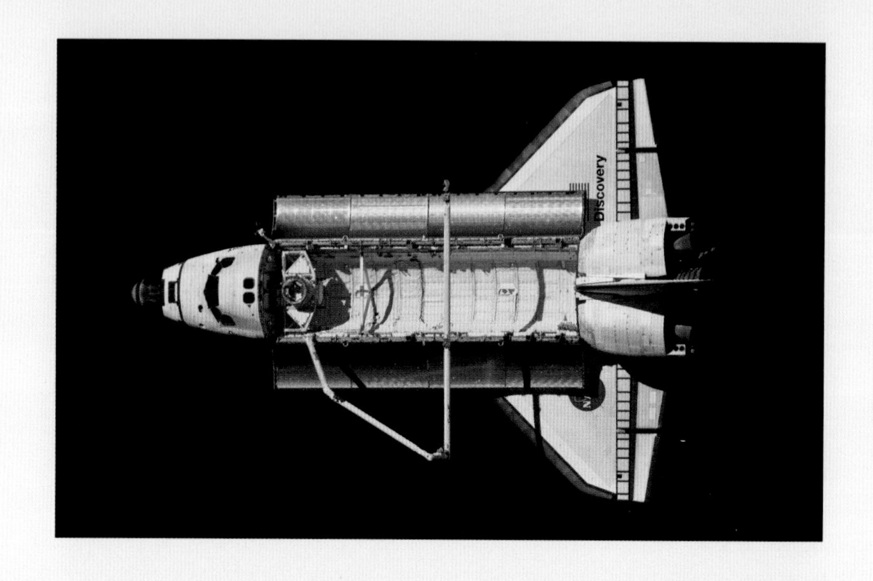

在“发现”号航天飞机的最后一次飞行中，从国际空间站上可以看到，加拿大机械臂在有效载荷舱上方有一个笔直的支架。2003年“哥伦比亚”号失事后，所有任务宇航员都开始使用这一延伸装置及其配套的传感器系统检查整个飞行器的外部是否受损（来源：美国国家航空航天局）

加拿大机械臂（或遥控系统或机械臂）是宇航员在太空行走时除了舱外活动防护服以外最重要的辅助设备。这种长且带有关节的手臂可帮助宇航员拿起重物或延伸接触范围。机械臂的使用与起重机类似，可以将非常大的物体，例如“哈勃”太空望远镜或国际空间站的组件，拿出或放进轨道飞行器的有效载荷舱。机械臂还可以作为一个移动平台，将宇航员精确地放在航天器外部需要作业的地点。在135次航天飞机的任务中，有90次配备加拿大机械臂。

从1994年到2011年，编号202的机械臂执行了十次航天飞机任务和四次轨道飞行器任务，包括“发现”号最后六次飞往国际空间站的任务。它实际上是一个遥控手臂，由宇航员在飞行器尾部飞行甲板控制站遥控操作。机械手臂有肩、肘和腕关节，末端有一个类似于“手”的用于紧握物体的钩状装置，此外还有一个类似于“脚”的装置。机械臂上安装有闭路电视摄像机，操作人员通过这个摄像机和航天飞机尾部、顶部的窗户进行视线监控，以控制机械臂的移动。

博物馆决定不在“发现”号的有效载荷舱内重新安装加拿大机械臂，因为机械臂可能会遮挡住机身的一部分，但博物馆希望让观众看到完整的形象，毕竟它是航天飞机时代的一个重要标志。机械臂可以在太空中举起巨大的物体，但在地球上甚至无法承受自身的重量，必须被放置在一个支架上。加拿大航天局已经为航天飞机和空间站项目提供了几个机械臂。

加拿大机械臂规格说明：

制造商： SPAR航空公司
长： 50英尺（15米）
直径： 15英寸（38厘米）
重量： 905磅（410千克）

"发现"号航天飞机的飞行记录从时间顺序来看并无特别之处，但如果从主题上来看则非常有意思，可以参考本章末尾的任务日志。"发现"号航天飞机执行过的任务类型多种多样，回顾这些任务可以揭示出航天飞机项目的历史趋势和演变历程。虽然每一次航天飞机任务都有多个目标，但可以根据其主要目的或载荷分为几类：商业、国家安全、服务、科学以及国际空间站的组装或后勤。"发现"号航天飞机执行过上述所有类型的任务，而且不止一次。

"发现"号航天飞机的第一个任务是将商业卫星送入近地轨道，然后卫星将被分阶段送入地球同步轨道。"发现"号航天飞机的六个任务中有五个是为通信卫星行业的客户服务，在"挑战者"号航天飞机事故后的两次任务中还部署了美国国家航空航天局跟踪和数据中继卫星。其中一些商业任务为美国海军交付了一颗卫星。在卫星运输方面，航天飞机真正起到了货运卡车的作用：两颗或三颗卫星会被塞进有效载荷舱内，当轨道飞行器达到适合的高度并与轨道对齐后，卫星被逐颗送入轨道。"发现"号航天飞机的第一次任务就携带了三颗卫星，这在航天飞机中前所未有。"发现"号航天飞机总共为美国、加拿大、墨西哥、阿拉伯联盟和澳大利亚交付了休斯通信公司、美国电话电报公司、伍尔德里奇公司和法国宇航公司生产的十六颗通信卫星。这也证明了渴望加入全球电信网络的非航天国家市场日益壮大。

在 20 世纪 80 年代，大多数探索任务都部署了通信卫星。照片是 1985 年的 STS-51I 任务，一颗带有助推发动机的澳大利亚卫星从有效载荷舱升起。助推器将这些卫星送入约 22000 英里（35400 千米）外的地球同步轨道（来源：美国国家航空航天局）

商业部门为使航天飞行更加经济和常规化做出了重要贡献，美国国家航空航天局的商业计划依赖于不断增长和稳定的客户基础，主要体现在卫星交付和研究项目方面。美国国家航空航天局通过有吸引力的价格、发射准备服务和重复飞行的激励措施（包括让公司的有效载荷专家加入机组）积累了一批商业客户。第一个有效载荷专家，麦克唐纳·道格拉斯公司的查尔斯·沃克曾两次搭乘"发现"号航天飞机、一次搭乘"亚特兰蒂斯"号航天飞机，开展一项具有商业前景的制造工艺实验。沙特阿拉伯和法国的专家也登上"发现"号航天飞机，见证了他们商业卫星的部署，墨西哥的专家则登上了"亚特兰蒂斯"号航天飞机。国会的两名议员抓住这一机会，说服美国国家航空航天局把他们送上了航天飞机。1985 年，参议员杰克·加恩登上"发现"号，众议员威廉·比尔·尼尔森则在 1986 年初登上"哥伦比

“发现”号航天飞机宇航员完成了五次维修任务中的两次，将“哈勃”太空望远镜的寿命一再延长，远远超过了原计划的十年。在 1999 年的 STS-103 维修任务中，宇航员史蒂芬·史密斯和约翰·格伦斯菲尔德在长机械臂的末端，替换指向和姿态控制系统中的陀螺仪（来源：美国国家航空航天局）

亚”号。

商业有效载荷为另一种任务类型提供了机会：维修。“发现”号航天飞机的宇航员们在完成部署任务的同时还提供了额外服务，当卫星无法到达既定轨道时进行维修或将它们带回地球。“发现”号航天飞机的宇航员在执行第二次任务时首次进行了轨道卫星回收，他们成功部署了两颗卫星，然后捡到两个卫星，带回地球进行整修。还有一位“发现”号宇航员将一颗闲置的卫星收回有效载荷舱，安装了一个新的上升发动机，重新部署，然后看着它在预定轨道上点火。这些与维修相关的小片段展示了宇航员的重要技能，为未来的项目积累了经验，特别是“哈勃”太空望远镜的维修和空间站的组装。

“挑战者”号航天飞机失事后发生了政策改变，航天飞机不再承接商业卫星服务，航天飞机的商业市场也因此受到重创。商业实验仍然可以作为二次有效载荷，但“发现”号航天飞机的任务很快从卫星运输转向了其他类型的任务。

美国国防部预留了“发现”号航天飞机的第三次飞行，将其作为首次专门的机密级国家安全航天飞行任务。关于该任务，只透露了全部来自军方的宇航员姓名，以及非宇航员团队中来自美国空军的有效载荷专家的姓名。据推测，主要有效载荷是一颗电子情报卫星。尽管航天飞机的设计和开发考虑到国家安全的需要，但美国空军开始时仍然不愿意将航天飞机和美国国家航空航天局作为其唯一的发射供应方，而是更愿意继续使用自己的方法进入太空。在“挑战者”号航天飞机发生事故之前，国防部对航天飞机的使用兴趣也不大。航天飞机的飞行恢复正常后，国防部也只是完成了已经计划的国家安全任务，之后便放弃了航天飞机的使用，只在需要运送小型、非机密有效载荷时偶尔使用。美国国家航空航天局就此失去了一个大客户。

从 1984 年到 1992 年，“发现”号航天飞机执行了十次国防任务中的四次。其中前两次任务严格保密，据称是为国家侦察办公室部署间谍卫星。另外两项任务中一项是非机密任务，与“战略防御倡议”（“星球大战”）有关；另一项则有一部分内容需要秘密进行。当时有漫画家发表了经过伪装或隐身的航天飞机漫画嘲讽这些机密任务，实际上是质疑太空军事化和在公共航天计划中部署机密行动的这一做法。随着空军重新开始使用火箭，航天飞机几乎完全转向民用任务，这些分歧也逐渐消失。

1990 年、1997 年和 1999 年，“发现”号航天飞机的宇航员们可以说创造了历史，他们首先部署了“哈勃”太空望远镜，然后两次返回进行维修、维护和重新部署。在为“哈勃”太空望远镜安装校正光学系统的第一次紧急任务时并没有使用“发现”号航天飞机，但在后续的五次维修任务中，“发现”号航天飞机完成了第二次和第三次紧急任务。太空行走团队更新了望远镜的技术，并通过修复或更换磨损的部件延长了望远镜寿命。“发现”号航天飞机的宇航员们通过展示精湛技术和娴熟技巧，证明了人类在太空中高效完成复杂任务的价值。这种在轨维修将使整个天文界受益，不仅延长了望远镜的作业时间，还为今后的大型装配项目（例如国际空间站）积累了经验。

针对“哈勃”太空望远镜任务而言，“发现”号航天飞机的名字似乎特别贴切。“发现”号的命名源于一艘由探险家亨利·哈德逊和詹姆斯·库克船长带领的探险船。“发现”号继承了探索和冒险的传统，不断加深我们对宇宙的认识。

20 世纪 90 年代，“发现”号航天飞

“发现”号航天飞机的科学任务通常包括可回收的研究卫星和安装在有效载荷舱内的仪器。图中是用于大气和太阳物理研究的“阿特拉斯”2 号于 1993 年执行 STS-56 任务（来源：美国国家航空航天局）

“发现”号航天飞机在 1998 年俄罗斯“和平”号空间站的九次任务中，执行了第一次和最后一次（来源：美国国家航空航天局）

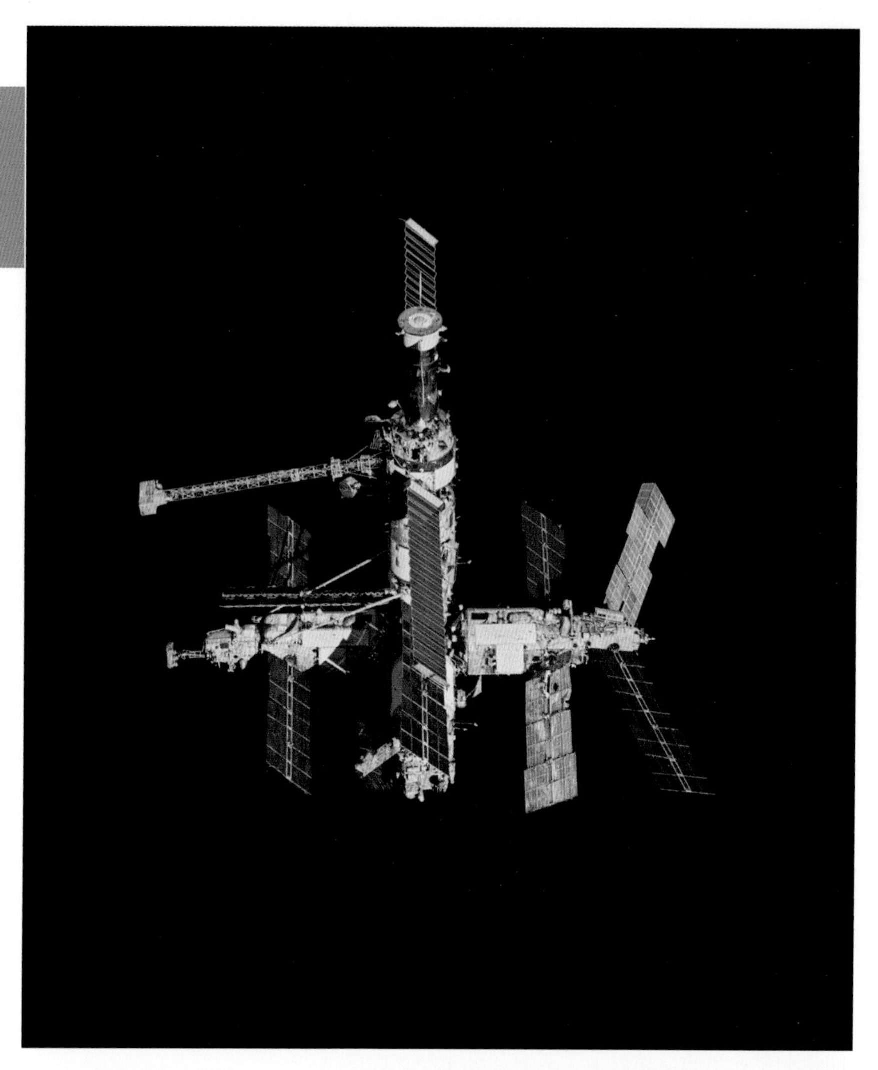

2007 年，“发现”号航天飞机执行 STS-120 任务，将“和谐”号节点舱送入国际空间站。宇航员斯科特·帕拉辛斯基小心翼翼地修复了受损的太阳能电池板（来源：美国国家航空航天局）

机的主要任务是为科学发展提供支持。在这十年的十次任务中，“发现”号航天飞机携带用于开展科学研究的天文台、卫星和实验室，还发射了绕太阳飞行的“尤利西斯”号探测器和上层大气研究卫星。美国国家航空航天局科学任务有几个目的：将微重力作为实验室环境，为更好地了解人类和其他生物长期在太空停留期间的变化，利用太空视野优势清晰地观测地球和宇宙，寻求基础科学和应用科学发展，为人类谋福利。

“发现”号航天飞机的科学任务涵盖许多学科，主要包括地球和大气观测、材料加工、生物学和生物医学。有几次，“发现”号航天飞机在有效载荷舱内携带了天空实验室舱，科学家们在那里昼夜不停地轮班工作。有时候，“发现”号航天飞机会携带一个装载着大量自动设备的平台，或者释放并回收一颗小型自由飞行卫星，用于特定实验。在20世纪90年代的科学任务中，“发现”号航天飞机执行了两次探测地球的飞行任务。

1995年，在为国际空间站做准备的合作计划中，“发现”号航天飞机作为飞往俄罗斯“和平”号空间站的九架航天飞机中的第一架开路。“发现”号航天飞机完成了“和平”号空间站的第一次近距离接近和环绕飞行，并于1998年完成了与“和平”号空间站的最后对接任务，将轮流居住在空间站的七名美国宇航员中的最后一名送回地球。在航天飞机与“和平”号空间站联合任务中，俄罗斯和美国航天机构共同承担训练、人员、轨道操作和任务控制的责任，为两国在新世纪的空间站伙伴关系奠定了基础。这一系列任务开创了许多个“第一次”，其中大部分要归功于“发现”号航天飞机。

从1999年开始，在“发现”号航天飞机的最后14次任务中，除了一次外，其他都是飞往国际空间站的任务。“发现”号航天飞机第一次完成了与新建成空间站的对接，为第一批常驻宇航员做好准备工作，在最后一次对空间站的正式访问中装满了补给物。“发现”号航天飞机在空间站的组装中也

2005年，STS-114任务指挥官艾琳·柯林斯在接近国际空间站时，第一次对轨道飞行器进行了交会俯仰操作，或“后空翻”。空间站上的摄像机和工作人员仔细检查了机身上的瓷砖是否有损坏的迹象（来源：美国国家航空航天局）

“发现”号航天飞机STS-120任务（红色衣服）和国际空间站“远征”16号（蓝色衣服）的宇航员暂停工作，在新安装的“和谐”号节点舱内演示失重状态。从照片中可以看到，人员组成与航天飞机时代的大多数机组一样，具有多样性。此次任务由两位女性指挥官共同负责：佩吉·惠特森（前排）和帕梅拉·梅尔罗伊（中间排）（来源：美国国家航空航天局）

左：2012 年 4 月 17 日公众对“发现”号航天飞机在华盛顿特区和周边地区的飞行感到兴奋不已。政治辩论和最终的政治决策决定了航天飞机的整个历史（来源：美国国家航空航天局）

右：2012 年 4 月 19 日，博物馆为“发现”号航天飞机准备的欢迎仪式，图中是两架历史悠久的轨道飞行器。博物馆请来了军乐队，许多宇航员、政要和太空爱好者纷纷前来纪念这一历史性时刻（来源：美国国家航空航天博物馆）

下：“发现”号航天飞机永久地陈列在位于维吉尼亚州尚蒂伊市史蒂芬·乌德瓦尔－哈齐中心的麦克唐纳航天飞机库中（来源：美国国家航空航天博物馆）

发挥了主要作用，包括运送长桁架、“和谐”号节点舱、日本“希望”号实验室，以及“莱奥纳多”号多功能后勤舱。“发现”号航天飞机的大部分任务还包括运送换岗的空间站人员。“发现”号航天飞机比其他轨道飞行器还要多执行一项任务：负责“哈勃”太空望远镜的维修。

“发现”号航天飞机在 2003 年“哥伦比亚”号失事后被选中执行两次搜救任务。在此过程中，“发现”号航天飞机演示了各种可提高在轨探测和损伤修复能力的新程序，有助于降低再次发生事故的风险。在这两次飞行任务的第一次中，指挥官艾琳·柯林斯在空间站工作人员和摄像机的注视下，对轨道飞行器进行了交会俯仰操作，也被称为“后空翻”操作，以便检查机身上的瓷砖或机翼是否受损。艾琳·柯林斯的团队成员还完成了在轨道器下方的首次舱外活动，使用一个伸缩式机械手臂将宇航员放在合适的位置，以便近距离检查机身上的瓷砖。第二次任务由史蒂文·林赛（“发现”号航天飞机的最后一次任务也由他指挥）指挥，他重复了这些检查任务，并演示了在机上修复受损瓷砖和机翼的技术。这些任务成功之后，航天飞机开始执行国际空间站的组装任务。

2004 年，美国总统乔治·布什宣布，航天飞机计划将在国际空间站建成后结束，美国国家航空航天局立刻开始计划轨道飞行器的退役。2011 年，

每一架航天飞机都执行了最后一次任务，为国际空间站的工作收尾。这些任务的机组规模较小，许多宇航员都是第一次飞行，有效载荷主要是储备物资，用于满足空间站在可预见未来的需要，因为在这之后不会再有可以运送补给的大型运输工具。“发现”号航天飞机在最后一次轨道飞行中将宇航员的助手“机器宇航员”2号送到了空间站。

“发现”号航天飞机共执行了39次任务，在这些任务中，人员构成反映了航天飞机时代宇航员队伍的多样性。“发现”号航天飞机的32位指挥官（其中6位指挥过不止一次任务）中包括首位女性驾驶员和两位女性指挥官，首位非裔美国人指挥官，以及后来成为美国国家航空航天局局长的一位非裔美国人指挥官。参与过“发现”号航天飞行的184位宇航员和有效载荷专家中有28位女性，还有来自加拿大、法国、德国、意大利、日本、俄罗斯、沙特阿拉伯、西班牙、瑞典和瑞士的公民。

2012年4月17日，“发现”号航天飞机的最后一次飞行从佛罗里达州开始，在美国首都华盛顿结束。美国国家航空航天局决定将“发现”号航天飞机移交给美国国家航空航天博物馆。美国国家航空航天局将“发现”号航天飞机重新配置，以便向公众展示。然后，“发现”号航天飞机搭乘波音747运输机，前往它永远的家。飞机在华盛顿特区壮观的飞行吸引了大批观众，人们从家里、学校、办公楼里跑出来观看这个难得一见的场面，随后这两架飞机降落在维吉尼亚州郊区的杜勒斯国际机场。

两天后，“发现”号航天飞机抵达博物馆的史蒂文·乌德瓦尔－哈齐中心进行交接仪式。在30多位任务指挥官和机组人员的陪同下，“发现”号航天飞机，作为服役时间最长的轨道器，和它的原型机OV-101“企业”号面对面地被放置在展台上。参议员约翰·格伦出席了仪式，他曾于1998年搭乘“发现”号往返太空。这两架航天飞机的历史性会面令人心潮澎湃，人们不禁回忆起人类使用航天飞机进出太空数十年来经历的曲折历程。作为一项发明，航天飞机可以说是空前绝后。“发现”号航天飞机的退役也标志着航天飞机时代的终结。

现在，“发现”号航天飞机占据了博物馆航天机库的中心位置，永远地留在了这些塑造了航天历史的珍贵文物中，比如罗伯特·戈达德实验火箭、液体火箭发动机、登月舱，等等。“发现”号航天飞机的旁边是其他与其历史有关的航天飞机时代产物：加拿大机械臂、载人机动装置、跟踪和数据中继卫星模型、天空实验室，以及其他宇航员设备的小型展品。尽管已经退役，“发现”号航天飞机仍然是美国太空成就的象征和航天飞行常规化的希望。它也提醒我们，航天飞行仍然是一项耗资巨大、风险极高的冒险活动。无论未来会出现什么样的航天器和任务，“发现”号航天飞机始终是航天飞机时代的有力见证。

——瓦莱丽·尼尔

OV-103“发现”号航天飞机规格说明：

制造商：洛克威尔国际公司（主要承包商）
前段和宇航员舱：洛克威尔国际公司
中段：通用动力公司
有效载荷舱门：洛克威尔国际公司
机翼：格鲁曼
后段：洛克威尔国际公司
垂直尾翼：费尔柴尔德公司
主发动机：洛克威尔国际公司 洛克达因公司
轨道机动系统：麦克唐纳飞行器公司
长：122英尺（37米）
翼展：78英尺（24米）
高：57英尺（17米）
轨道高度范围：115至400英里（185至644千米）
最大轨道载货量：63500磅（28803千克）
发射时最重的重量：
STS-124：269123磅（122072千克）
重量（当前）：161325磅（73176千克）

“发现”号航天飞机任务日志

飞行	任务	类型	成员	历史意义 & “第一次”
1	STS-41D 1984 年 8月30日—9月5日	商业卫星： 小型商业卫星、同步通信卫星、“电星”	哈茨菲尔德、科茨、雷斯尼克、霍利、穆兰、沃克	第一次部署 3 颗卫星的任务；第一次商业载荷专家进入太空：来自麦克唐纳·道格拉斯公司的查尔斯·沃克
2	STS-51A 1984 年 11月8日—16日	商业卫星： 通信卫星、同步通信卫星	豪克、沃克、费舍尔、加德纳、艾伦	第一次收回已经无法运行的卫星（“西星”和 PALAPA）；第三次和最后一次使用载人机动装置
3	STS-51C 1985 年 1月24日—27日	美国国防部： 机密	马丁利、施莱佛、奥尼祖卡、布奇利、佩顿	第一次专门的国家安全任务，首位加入机组的国防部官员：加里·佩顿；首位进入太空的亚裔美国人埃里森·奥尼祖卡
4	STS-51D 1985 年 4月12日—19日	商业卫星： 通信卫星、同步通信卫星	鲍伯科、威廉姆斯、萨登、霍夫曼、格里戈斯、沃克、加恩	首位进入太空的政府官员：参议员杰克·加恩
5	STS-51G 1985 年 6月17日—24日	商业卫星： 阿拉伯卫星、“电星”“莫雷洛斯”	布兰登斯坦、克赖顿、路西德、费边、纳格尔、博德里、阿萨德	首位进入太空的阿拉伯皇室人员
6	STS-51I 1985 年 8月27日—9月3日	商业卫星： 澳大利亚卫星系统、美国卫星公司通信卫星、同步通信卫星	恩格尔、科维、范·霍夫腾、朗、费舍尔	宇航员回收、修理并重新部署了 STS-51D 任务中部署的同步通信卫星
7	STS-26 1988 年 9月29日—10月3日	美国国家航空航天局卫星： 跟踪和数据中继卫星	豪克、科维、朗、希尔摩兹、尼尔森	“挑战者”号航天飞机事故后的搜救任务
8	STS-29 1989 年 3月13日—18日	美国国家航空航天局卫星： 跟踪和数据中继卫星	科茨、布莱哈、巴吉安、布奇利、施普林格	
9	STS-33 1989 年 11月22日—27日	美国国防部： 机密	弗雷德里克·格雷戈里、布莱哈、马斯格雷夫、卡特、索顿	弗雷德里克·格雷戈里，首位指挥太空任务的非裔美国人
10	STS-31 1990 年 4月24日—29日	科学卫星： “哈勃”太空望远镜	施莱佛、博尔登、霍利、麦坎德利斯、沙利文	比以往任何航天飞机任务的轨道都要高：380 英里（612 千米）
11	STS-41 1990 年 10月6日—10日	科学卫星： 太阳着陆器“尤利西斯”号	理查兹、卡巴纳、谢泼德、梅尔尼克、埃克斯	

飞行	任务	类型	成员	历史意义 & “第一次”
12	STS-39 1991 年 4月28日—5月6日	美国国防部： 部分机密	科茨、哈蒙德、布鲁福德、哈博、希布、麦克莫纳格尔、维奇	
13	STS-48 1991 年 9月12日—18日	科学卫星： 高空大气研究卫星	克赖顿、莱特勒、布奇利、赫马尔、布朗	“地球行星任务”
14	STS-42 1992 年 1月22日—30日	科学卫星： 天空实验室 国际微重力实验室1号	格拉贝、奥斯瓦德、萨伽德、希尔摩兹、雷迪、邦达尔、默博尔德	罗伯塔·邦达尔，首位进入太空的加拿大女性
15	STS-53 1992 年 12月2日—9日	美国国防部： 部分机密	沃克、卡巴纳、布鲁福德、沃斯、克利福德	最后一次出于国家安全目的的航天飞机任务
16	STS-56 1993 年 4月8日—17日	科学卫星： 天空实验室： 大气实验室 （ATLAS-2）	卡梅伦、奥斯瓦德、福阿莱、科克雷尔、奥乔亚	艾伦·奥乔亚，首位进入太空的西班牙裔女性；“地球行星任务”
17	STS-51 1993 年 9月12日—22日	商业卫星： ACT-TOS 科学卫星： ORFEUS-SPAS	卡伯特森、雷迪、纽曼、布尔施、沃尔兹	
18	STS-60 1994 年 2月3日—11日	科学卫星： SPACEHAB-2、载真空尾迹屏罩设备	博尔登、赖特勒、迪亚兹、戴维斯、世嘉、克里卡列夫	谢尔盖·克里卡列夫，首位在美国太空任务中服役的俄罗斯宇航员；查尔斯·博尔登，第二位非裔美国人飞船指挥官
19	STS-64 1994 年 9月9日—20日	科学： 激光雷达技术实验（LITE）	理查兹、哈蒙德、林格尔、赫尔姆斯、米德、李	这是自 1984 年宇航员测试更安全的应急背包以来的第一次自由太空行走
20	STS-63 1995 年 2月3日—11日	“和平”号与科学： SPACEHAB-3	韦瑟比、柯林斯、哈里斯、福尔、沃斯、提托夫	艾琳·柯林斯，首位女性航天飞机驾驶员；九次“和平”号与航天飞机联合任务中的第一次（没有对接的交会）；伯纳德·哈里斯，首位非裔美国宇航员；“发现”号航天飞机是首个完成 20 次任务的轨道飞行器

“发现”号航天飞机任务日志

续 表

飞行	任务	类型	成员	历史意义 & “第一次”
21	STS-70 1995 年 7月13日—22日	美国国家航空航天局卫星： 跟踪和数据中继卫星	亨利克斯、克雷格、托马斯、居里、韦伯	最后一次跟踪和数据中继卫星部署
22	STS-82 1997 年 2月11日—21日	“哈勃”太空望远镜维修	鲍尔索克斯、霍洛维茨、坦纳、霍利、哈博、李、史密斯	第二次“哈勃”维修任务；宇航员在五次太空行走中更换了两个大型科学仪器和十个退化的部件；迄今为止最高的航天飞机飞行高度：385 英里（620 千米）
23	STS-85 1997 年 8月7日—19日	科学卫星： CRISTA-SPAS	布朗、罗明格、戴维、克宾姆、罗宾逊、特里格瓦森	
24	STS-91 1998 年 6月2日—12日	“和平”号与科学： SPACEHAB-3	普雷科特、戈列、迪亚兹、劳伦斯、卡万迪、留明、托马斯	最后一次航天飞机-“和平”号对接任务；安德鲁·托马斯，最后一位从“和平”号空间站返回地球的美国宇航员
25	STS-95 1998 年 10月29日—11月7日	科学： SPACEHAB、 SPARTAN	布朗、林赛、罗宾逊、帕拉辛斯基、杜克、穆凯、格伦	约翰·格伦在 77 岁时重返太空，是唯一一位乘坐过航天飞机的“水星”宇航员；“发现”号航天飞机是首个飞行过 25 次的轨道飞行器
26	STS-96 1999 年 5月27日—6月6日	国际空间站组装	罗明格、赫斯本德、杰尼甘、奥乔亚、巴里、佩耶特、托卡列夫	首次与新空间站对接，为第一批常驻宇航员做准备；安装了两个起重机；航天飞机历史上第 45 次太空行走
27	STS-103 1999 年 12月19日—27日	“哈勃”太空望远镜维修	布朗、凯利、史密斯、卡瓦略、格伦斯菲尔德、福阿莱、尼科里埃尔	第三次“哈勃”维修任务；宇航员升级了望远镜，以运行第二个十年
28	STS-92 2000 年 10月11日—24日	国际空间站组件： Z1 桁架和加压配合适配器	达菲、梅尔罗伊、乔、麦克阿瑟、维索夫、洛佩兹-阿莱格利亚、若田	第 100 次航天飞机任务
29	STS-102 2001 年 3月8日—21日	国际空间站后勤： “莱奥纳尔多”舱， 宇航员换班	韦瑟比、凯利、托马斯、理查兹； 上：沃斯、赫尔姆斯、乌萨切夫； 下：谢泼德、吉德森科、克里卡列夫	国际空间站首次人员交换；苏珊·赫尔姆斯和詹姆斯·沃斯完成航天飞机历史上最长的太空行走，长达 8 小时 56 分钟
30	STS-105 2001 年 8月10日—22日	国际空间站后勤和宇航员换班： “莱奥纳尔多”舱	霍洛维茨、斯图科、福雷斯特、巴里；上：特森、杰茹罗夫、秋林；下：沃斯、赫尔姆斯、乌萨乔夫	“发现”号航天飞机成为首个飞行 30 次的轨道飞行器

飞行	任务	类型	成员	历史意义 & “第一次”
31	STS-114 2005 年 7月26日—8月9日	返航以及国际空间站后勤	柯林斯、凯利、野口、罗宾逊、托马斯、劳伦斯、卡马尔达	“哥伦比亚”号航天飞机事故后，国际空间站工作人员进行首次交会俯仰（“后空翻”）；首次在航天飞机下方进行舱外活动
32	STS-121 2006 年 7月4日—17日	返航、国际空间站后勤、“莱奥纳尔多”舱、增加宇航员	林赛、凯利、福萨姆、诺瓦克、威尔逊、塞勒斯；上：赖特	“哥伦比亚”号航天飞机失事后，进行轨道飞行器检查和飞行中维修技术的进一步试验；到目前为止在任务中拍摄照片最多的航天飞机
33	STS-116 2006 年 12月9日—22日	国际空间站组装、宇航员换班：P5 桁架	波兰斯基、欧菲林、帕特里克、克宾姆、福格莱桑、希金波坦；上：威廉姆斯；下：赖特	宇航员重新连接了国际空间站的电力系统
34	STS-120 2007 年 10月23日—11月7日	国际空间站组装、宇航员换班：“和谐”号节点舱	梅尔罗伊、赞姆卡、帕拉辛斯基、威尔逊、惠洛克、内斯波利；上：塔尼；下：安德森	发现号成为唯一由女性指挥官艾琳·柯林斯和帕梅拉·梅尔罗伊驾驶的轨道飞行器；两人都是“发现”号航天飞机的驾驶员
35	STS-124 2008 年 5月31日—6月14日	国际空间站组装、宇航员换班：“希望”号实验室	M 凯利、哈姆、尼伯格、加兰、福萨姆、霍希德；上：查米托夫；下：瑞斯曼	运输并安装日本的大型实验室舱，“发现”号航天飞机的最终有效载荷；“发现”号航天飞机成为唯一飞行超过 35 次的轨道飞行器
36	STS-119 2009 年 3月15日—28日	国际空间站组装、宇航员换班：S6 桁架	阿尔尚博、安东内利、阿卡巴、斯旺森、诺德、菲利普斯；上：若田；下：马格纳斯	运输并安装国际空间站太阳能电池板
37	STS-128 2009 年 8月28日—9月11日	国际空间站后勤和宇航员换班：“莱奥纳尔多”舱	斯特科夫、福特、弗雷斯特、埃尔南德斯、奥利瓦斯、福格莱桑；上：斯托特；下：科普拉	第 30 次飞往国际空间站的航天飞机任务
38	STS-131 2010 年 4月5日—20日	国际空间站后勤：“莱奥纳尔多”舱	波因德克斯特、达顿、马斯特拉乔、梅特卡林登伯格、威尔逊、山崎、安德森	
39	STS-133 2011 年 2月24日—3月9日	国际空间站组装：永久性多功能舱	林赛、博、德鲁、鲍温、巴拉特、斯托特	向国际空间站运送了宇航员助手“机器宇航员”2 号；第 35 次飞往国际空间站的航天飞机任务

在我们写这篇文章的时候，“哈勃”太空望远镜还在工作，但它能做到的事情早已超越了1990年发射时规划的目标——探测宇宙。大部分“哈勃”太空望远镜的规划者、发起人和建造者都还健在，他们仍然活跃在开创性科学研究前沿，这要感谢美国国家航空航天局的天体物理学计划为“哈勃”太空望远镜的项目经理和用户提供的有力支持。

“哈勃”太空望远镜是目前为止最广为人知的天文望远镜。“哈勃”太空望远镜之所以如此出名，是因为它能够提供超然的视野，帮助人类探索潜伏在深空和时间中的事物，然后在一群敬业的天文学家和数字艺术家的协作下，以具有艺术美感的方式呈现出来。“哈勃”太空望远镜无疑是多产的，成千上万的科学著作以它的观测为基础，有些甚至彻底改变了我们对宇宙的理解。它是历史上最昂贵的天文望远镜，无论是在数十年的时间里为“哈勃”太空望远镜能够问世而奔走游说的人，还是设计者和用户都从中得到了非凡的体验。媒体也报道过“哈勃”太空望远镜所经历的考验、磨难和最终的成功。作为史上最受欢迎的天文望远镜，“哈勃”太空望远镜拥有庞大的“粉丝群”，它无疑是一个天文界的里程碑。

“哈勃”太空望远镜目前在绕地球轨道运行，平均距离约为350英里，

第十一章 “哈勃”太空望远镜

每97分钟绕地球一周（相对于恒星），速度约为5英里每秒。1990年，“发现”号航天飞机将它送入太空。如今“发现”号航天飞机已经退役，在美国国家航空航天博物馆的乌德瓦尔－哈齐中心永远地安了家。目前还没有“哈勃”望远镜重返地球的计划，博物馆获得了一些从太空运回的望远镜重要组件，以及原始结构中遗留下来的零件。到目前为止，博物馆已经收集了50个与“哈勃”太空望远镜有关的建造和运营组件。

“哈勃”太空望远镜于1990年4月25日由“发现”号航天飞机送入轨道（来源：美国国家航空航天局）

梦想与期望

天文学家长期以来一直希望能够不受地球大气层的阻碍观察宇宙。大气层对于生命必不可少，但它阻挡了视线。在望远镜发明之前，是不存在这个问题的。1609年，伽利略发明了天文望远镜，发现天空中运动的物体具有与地球特征类似的物理场所。直到19世纪末，人们才认识到地球大气层的阻碍是一个严重问题，天文学家必须把望远镜架在高山上，开始时这样做是

因为这里的大气层稀疏，视线更好，后来还要躲避现代文明制造的光线和烟雾。从那时起，天文学家们开始在高海拔、干燥、偏远的地方建造越来越大的望远镜。

但有些人希望彻底摆脱大气层的干扰。第二次世界大战刚刚结束，德国的 V-2 导弹体现出了这种可能性。天文学家莱曼·斯皮策认为，可以使用火箭将一个大型望远镜发射到轨道上，从此解决这个长期困扰天文界的问题。斯皮策非常有先见之明，他认为“这可以揭示我们目前无法想象的新现象，而且也许能够改变我们对空间和时间基本概念的理解”。当“哈勃”太空望远镜终于在 1990 年发射时，斯皮策回顾了使之成为现实的重大里程碑。在 20 世纪 50 年代，他的想法看似是一个“遥不可及的梦”，但在苏联人造卫星进入太空后，美国奋起直追的势头让这个“梦”成为了现实。

对于斯皮策来说，需要担心的关键技术不是运载火箭，甚至不是望远镜，因为天文学家知道如何建造望远镜。关键问题在于如何获取望远镜收集的数据。1965 年夏天，斯皮策主持了一项研究，提出了天文学家们希望通过大型太空望远镜了解到的东西，并且他们相信当时存在探测和传输数据的有效手段。但并不是每个人都对此抱有信心，关于大型太空望远镜的设计出现了许多不同的观点。有些人认为需要安排人员，因为假如使用胶片，就需要宇航员在补给任务时将其取回。

然而，到 1970 年，斯皮策和美国国家航空航天局内外的其他天文学家都相当肯定，美国情报机构开发的机密技术能够支持电子图像检测和传输。因此，天文学家们和美国国家航空航天局都支持使用带有电子望远镜的机器人天文台。起初的设计是使用一个 3 米的镜面，但在 1974 年时，镜面尺寸缩小到 2.4 米（94 英寸），一方面是为了控制不断上升的成本，另一方面是为了能够进入航天飞机的货舱。可以说，迎合美国国家航空航天局当时最受吹捧的航天飞机计划是一个非常明智的政治决策。1975 年，之前所说的“大型太空望远镜”（有人认为应该叫作“莱曼·斯皮策望远镜”）去掉了“大型”二字，被重新命名为“太空望远镜”。但 1983 年时，最终被命名为“哈勃”太空望远镜，以表明它的科学遗产：在“哈勃”太空望远镜宣称的众多目标中，其中之一是继续探索 20 世纪 30 年代天文学家埃德温·“哈勃”提出的宇宙中存在许多星系并且各个星系之间在彼此远离的论断。

“哈勃”太空望远镜原计划在 20 世纪 80 年代中期发射，但“挑战者”号航天飞机的灾难导致所有计划都向后推迟了数年。“哈勃”太空望远镜终于在 1990 年 4 月发射升空，天文学家们殷切地期盼着它将揭示的第一个奇迹。

发射后的现实

“哈勃”太空望远镜发射、部署和工程检测过去一个月后，天文学家们抱着谨慎乐观的态度观看了第一张图片。尽管望远镜还没有拍摄到恒星的精

在1993年第一次维修任务期间更换广域与行星相机。宇航员在移除原来的广域与行星相机后，准备将右下角的广域与行星相机2插入“哈勃”太空望远镜主镜后面的巨大矩形孔径（来源：美国国家航空航天局）

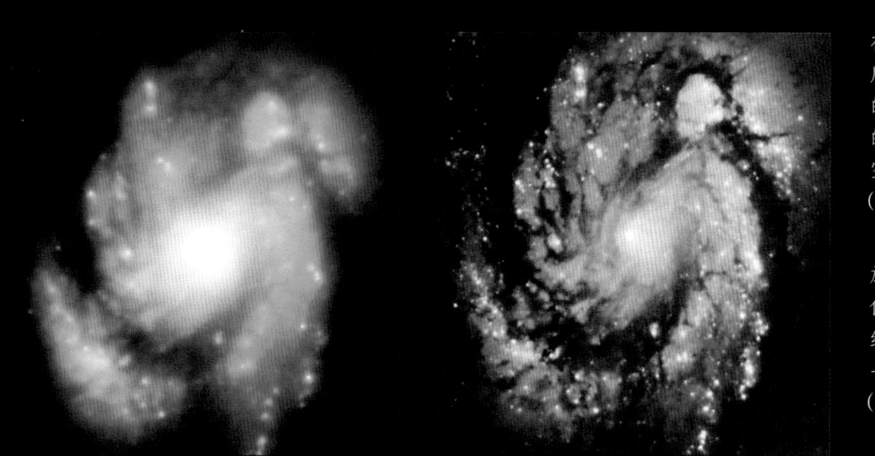

旋涡星系M100的图像，左图为第一代“广域与行星相机”拍摄，右图为经过改进的第二代拍摄，可以看到第一次维修任务之后，分辨率明显提高（来源：美国国家航空航天局）

确图像，但与从地球上进行观测相比，这已经是一个重大进步。天文学家希望，“当望远镜进一步对焦以拍摄恒星的照片时，能够出现一些新发现的迹象”。但经过数周的调试，望远镜仍然只能拍摄到一些模糊的光晕，这与天文学家对太空望远镜的期望相差甚远。到了 6 月，天文学家们看到望远镜拍摄到的照片后意识到“哈勃”无法将它接收到的光线 100% 聚焦，因为主镜的焦距配置不够合理。“哈勃”太空望远镜的效率要低得多，这意味着即使各种非成像仪器，如光度计和摄谱仪，仍然可以操作，效率也会被大大拉低。当务之急是修复“哈勃”的这些问题。

在开发太空望远镜的过程中有多种建造和操作选择。一种方法是设计、建造、测试和发射多颗卫星。如果第一个失败了，可以从失败中吸取教训，然后再去试第二个。一些天文学家想要使用这种模式，他们发射了几代的太空望远镜，每一代都比上一代更好，或者针对特定目标进行了优化。另一种方法是建造一个可以在轨道上维修的望远镜，比如由宇航员进入轨道维修，或者将望远镜返回地球维修。当然，任何载人任务的成本都要昂贵得多，除非载人航天飞行能够将成本降下来。

这两种方法在“哈勃”太空望远镜的开发中都有所体现。根据其设计，望远镜可以由宇航员进行多次维修，同时设计过程中也吸收了许多之前任务的经验，比如气球携带的望远镜、“轨道天文台”“国际紫外探测器”。

美国国家航空航天局的“大型轨道天文台”计划中除“哈勃”太空望远镜之外的其他太空望远镜也都执行过任务，并且针对天体辐射的巨大能量光谱中不可见的部分进行了优化。但这些任务中的望远镜都不可维修。而且这些望远镜也没有达到人们对太空望远镜预期的复杂程度，当然造价不像“哈勃”那样昂贵。一些天文学家认为，维修方案是确保巨额投资能够得到回报的关键。在“哈勃”之前，只有“太阳最亮任务”采用模块化设计和拥有抓取维修功能。1984 年 4 月，宇航员对“太阳最亮任务”卫星执行过一次维修任务。因此，“哈勃”是唯一一颗在航天飞机时代得到改进的天文卫星。史密森尼学会不仅看重“哈勃”太空望远镜的科学价值，还看重它独特的运营价值，认为有必要将“哈勃”太空望远镜的物质遗产留存下来。

科学家早期的想法是，如果“哈勃”需要维修或定期升级，可以将其返回地球，但紧急计划是在轨维修。多次发射航天飞机运送“哈勃”太空望远镜产生了明显的成本和危险，此外，这样做证明“哈勃”太空望远镜无法作为一种新能力在太空中执行任务，因此在轨维修成为了唯一的选择。

从 1990 年 6 月发现有缺陷的主反射镜，到 1993 年 12 月的修复（通常被称为“救援”）任务，美国国家航空航天局明白自己的声誉和未来已经岌岌可危。专门从事科学操作管理的巴尔的摩太空望远镜科学研究所的工作人员与美国国家航空航天局和望远镜承包商决定，移除望远镜的一个仪器，用“校正光学太空望远镜轴替换件”取代。这是一组安装在可伸展杆上的小镜子，这些小镜子可以逆转反射到科学仪器上的光线误差。这个零件适用于所

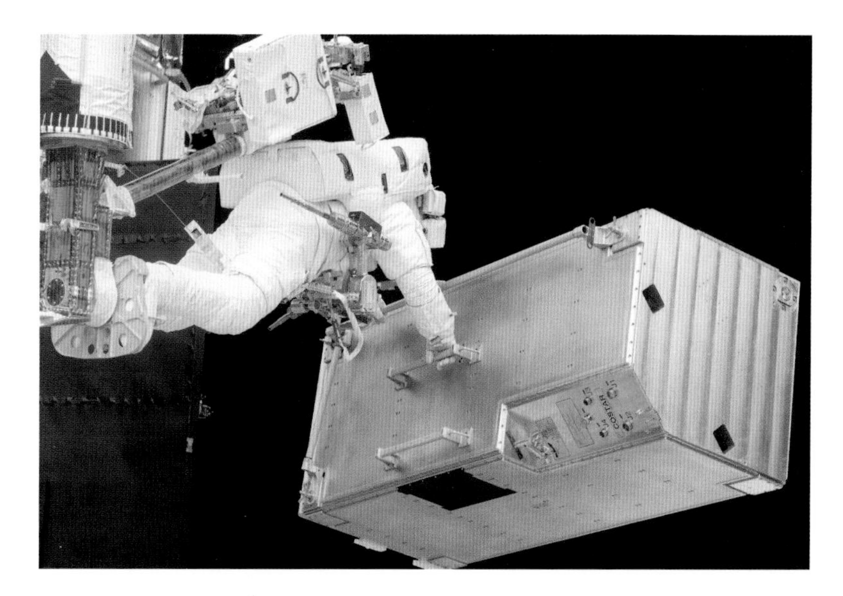

在2009年的最后一次维修任务中，“校正光学太空望远镜轴替换件”被从“哈勃”太空望远镜中移除。当时，其他所有仪器已经被替换为经过内部改进的版本，以校正存在缺陷的主镜（来源：美国国家航空航天博物馆）

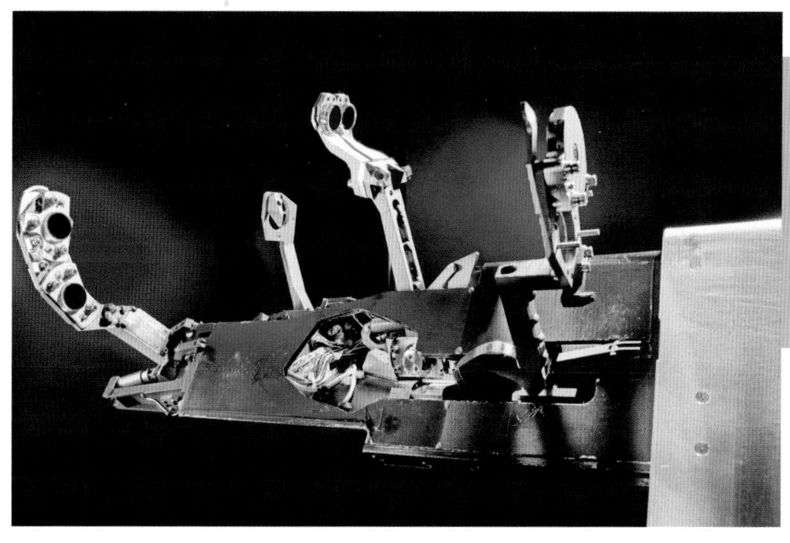

校正光学太空望远镜轴替换件包含一组安装在可伸展杆上的小镜子，这些小镜子可以插入“哈勃”太空望远镜的主光束中，将校正后的光发送到除广域与行星相机以外的仪器上（来源：美国国家航空航天博物馆）

有的仪器，除了主要成像设备“广域与行星相机”。

幸运的是，由于探测器技术的快速发展，“广域与行星相机”2号已经处于开发阶段。“广域与行星相机”2号很容易进行调整，修复主镜的缺陷。在第一次执行维修任务时，宇航员们除了安装这些设备外，还安装了新的太阳能电池阵列，这些阵列能够抵抗卫星周期性地从黑暗进入阳光所造成的热效应，还更换了陀螺仪、保险丝和电子设备。这次任务重振了美国宇航局的声威，激励了世界各地的天文学家。美国国家航空航天博物馆的馆长希望能够收集更多此次任务中替换下来的零件。

从1993年到2009年，“哈勃”太空望远镜的多次在轨维修为美国国家航空航天局提供了强有力的论据，证明载人航天飞行能够提供关键服务。1993年，美国国家航空航天局的太空望远镜科学研究所在其官方网站上表达了他们的兴奋之情：“这次任务的成功不仅改进了“哈勃”太空望远镜的视野，在很短的时间内带来了一系列惊人的发现，而且也证实了在轨维修的有效性”。

所有维修任务都圆满成功，媒体对此进行了大肆报道。1993 年，“哈勃”太空望远镜不仅得到了维修，还得到了改进。在后续的任务中，宇航员们恢复、修正或改进了陀螺仪、计算机和电池；更换了科学仪器，升级了一些仪器；还增加了一些“哈勃”太空望远镜发射时没有能力使用的新仪器。

留存“哈勃”太空望远镜的历史

在考虑如何留存“哈勃”太空望远镜任务的历史时，美国国家航空航天

超大质量黑洞

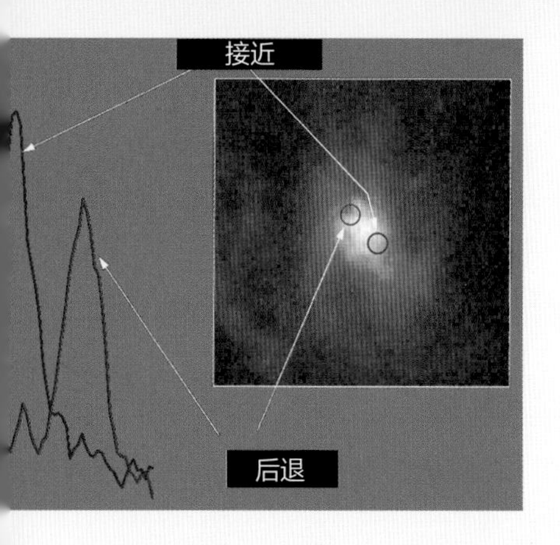

用微弱目标摄谱仪指向 M87 中心旋转气体圆盘的不同部分发现，一边在向我们的方向移动，而另一边则在相应后退，这表明圆盘在快速旋转（来源：美国国家航空航天局 / 太空望远镜科学研究所）

“哈勃”望远镜能够在大范围扩展的物体中分离出非常小的维度特征，因此可以精确定位和拍摄巨大的星系 M87 一个微小中心区域的光谱。M87 是一个巨大的射电源，它是处女座星系团中最亮的星系，属于一类高能量天体，被称为“活动星系核”（AGN）。这个星系之所以被人们熟悉是因为它有一个类似喷气机的特征，像一根从星系中心伸出的细长手指。这种喷射是由加速气体以接近光速的速度运动引起的。

像这样的特征使天文学家们长期以来一直怀疑，AGN 类星系的中心一定存在某种能量极高、因而质量巨大的物体。宇航员在第一次维修任务中安装了校正光学太空望远镜轴替换件后不久，“哈勃”望远镜就开始寻找这个神秘的东西。此次维修任务还使微弱目标摄谱仪（FOS）恢复到了完全的功率和空间分辨率。

直到 1994 年 5 月，来自空间望远镜科学研究所、约翰斯·霍普金斯大学、应用研究公司和华盛顿大学的天文学家组成的微弱目标摄谱仪小组收集了星系核心五个位置和核心外两个位置的光谱观测结果。他们从光谱测量中推断出，有一个由高温气体组成的快速旋转的圆盘环绕着星系的核心。由于气体以与圆盘相反的方向旋转，速度的变化超过每秒 1000 多千米，且圆盘的线性大小由已知到星系的距离决定，因此，星系的中心必然存在一个质量是太阳三百倍的天体。在如此小的空间内聚集如此大的质量，根据已知的物理学，这个物体唯一的是天文学家所说的“超大质量黑洞”。这种天体体积比地球轨道还小，但质量可能是太阳的数百万到数十亿倍。它们的存在是由极端引力场的存在推断出来的。

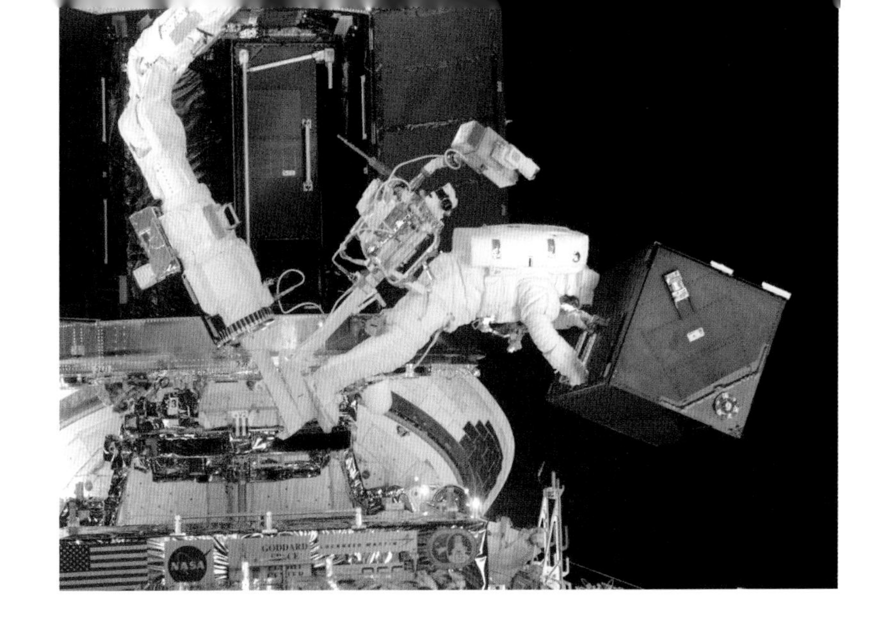

在 1997 年 2 月的第三次维修任务中，一名宇航员被加拿大机械臂固定在特定位置，并通过它移除了“哈勃”的微弱目标摄谱仪（来源：美国国家航空航天局）

博物馆不仅考虑到为我们留下宝贵图像、使我们更加了解宇宙的设施，还考虑了一些使“哈勃”可多次维修和升级的关键设备。考虑到“哈勃”复杂的历史遗产，我们有哪些选择以及应该如何选择才能最好地保留这段珍贵的历史呢？具体而言，在“哈勃”太空望远镜遗留的物质遗产中，哪些最能代表它的历史呢？

20 世纪 80 年代早期，约翰斯·霍普金斯大学的历史学家和博物馆合作开展了“太空望远镜历史”项目，经过多年的努力，我们将口述历史访谈，包括信件、笔记、会议记录、内部技术通信、谅解备忘录在内的书面证据副本以及以图像形式呈现的视觉证据总结归纳，编辑成档案。基于这些数据，项目主任罗伯特·史密斯在其他三位历史学家的协助下，编写了备受赞誉的著作《太空望远镜：美国国家航空航天局、科学、技术和政治研究》。

在整个过程中，史密斯和同事约瑟夫·塔塔雷维茨对两件物品非常留心，一件是太空望远镜的物质遗产：一个 94 英寸的全尺寸备用镜面，这个镜面与“哈勃”太空望远镜主镜的规格完全相同，并且随“哈勃”进入过太空；另一件是这颗卫星的全尺寸模型，称为“结构动力测试器”。与此同时，美国国家航空航天博物馆的太空天文学史馆长大卫·德沃金则竭尽全力地收集未来可能进入太空的仪器和探测器的高分辨率模型和元件。20 世纪 80 年代初，德沃金将工作重心放在建设一个新的天文学展馆上，他将该展馆命名为“群星：从巨石阵到太空望远镜”。为此，他向主承包商珀金埃尔默公司购买了光学望远镜组件的 1/5 比例模型，向洛克希德公司购买了装载这些组件的航天器的 1/5 比例模型。“群星：从巨石阵到太空望远镜”展馆于 1983 年 6 月开业，博物馆在展馆中标明：“预计“哈勃”太空望远镜将很快发射”。博物馆还收集到了更小的太空望远镜模型，这是 1975 年马歇尔航天飞行中心获得的大型太空望远镜原始设计的 1/40 比例模型。

当时，博物馆已经从洛克希德公司获得了结构动力测试器，并对其进行了修复，将其恢复到了1976年前后的外观。1989年到1996年，博物馆将这件展品放在太空厅展出，后来将它改造成轨道上“哈勃”太空望远镜的样子，并于1997年再次展出。洛克希德公司还捐赠了一系列曾在结构动力测试器上使用过的测试部件，包括一个用于测试“哈勃”的关键反应轮的组件，还有一些指向和引导系统的测试件。

随着“哈勃”望远镜部署和维修任务的进行，博物馆收藏的“哈勃”望远镜硬件也在不断增加。1997年，博物馆获得了航天飞机宇航员凯瑟琳·沙利文在执行“哈勃”太空望远镜部署任务（STS-31，“发现”号航天飞机，1990年）时穿的太空服上的尼龙搭扣皮制名牌。在1997年的第二次维修任务之后，博物馆获得了“微弱目标摄谱仪”，这是“哈勃”太空望远镜最初发射时携带的仪器，该仪器于1994年提供了在巨大椭圆星系M87中存在超大质量黑洞的确凿证据。这个微弱目标摄谱仪并没有出现任何故障，但是因为要安装一个新仪器“太空望远镜成像光谱仪”，所以将它移除了。在同一次任务中还移除了“戈达德高分辨率摄谱仪”，取而代之的是强大的红外成像照相机和摄谱仪“近红外照相机和多目标光谱仪”，该仪器可以探测到太空的最深处。这是现代天文学和天体物理学的标准做法：利用专用设备替换能够执行其他任务的相机和设备，以便将成本高昂的大型太空望远镜的能力发挥到极致。第二次维修任务的宇航员更换了一个出故障的制导传感器和反作用飞轮，安装了一个速度更快、容量更大的新固态数据记录仪。

图中是美国国家航空航天博物馆太空厅展出的“哈勃”太空望远镜。博物馆将最初获得的结构动力测试器覆盖上隔热毯、扶手和一组假的太阳能板，还原了航天飞机部署的“哈勃”太空望远镜的模样（来源：美国国家航空航天博物馆）

当“哈勃”太空望远镜的六个陀螺仪中的第四个出现故障迹象时，紧急组织了第三次维修任务。“哈勃”太空望远镜需要三个陀螺仪观测一个目标，所以这是一个可能导致望远镜停止工作和舱口关闭的危机。“哈勃”太空望远镜需要至少三个能够正常工作的陀螺仪，否则就会到处漂移，那样就可能会对准地球、月球，甚至在最坏的情况下，会对准太阳，太阳的强光将对望远镜的敏感系统造成永久性损害。1999年12月，第三次执行维修任务的宇航员更换了所有六个陀螺仪和一个精密制导传感器，在热防护层上安装了补丁，还安装了新电池和一台更强大的中央计算机。在此之后，美国国家航空航天局网站宣称：“现在的‘哈勃’像新的一样”。

20世纪90年代，博物馆计划建造一个新的天文学展馆，以取代“群星”展馆。新的主题是宇宙学的历史。自然，“哈勃”太空望远镜将登上中心展台。但该展馆展出的不只是望远镜，还有在20世纪

深空，超深空，极深空

位于巴尔的摩的太空望远镜科学研究所主任可以自由支配使用“哈勃”太空望远镜的观测时间，这算是研究所的一个福利。1993 年，天文学家罗伯特·威廉姆斯接替里卡多·贾科尼成为研究所的第二任所长。他和顾问委员会决定将望远镜对准太空中一个不受明亮物体散射光影响的黑点。这意味着相机可以长时间曝光，不用担心图像模糊。他们选择的地点在北斗七星上，希望这附近没有过多气体、尘埃、恒星和星系的影响，以观测宇宙的最深处。

随着“哈勃”望远镜的视野逐渐清晰，探测器也得到了改进，不断打破望远镜本身探测宇宙中最遥远、最年轻物体的记录。图中是“哈勃”望远镜在 2011 年时发现的星系，红色点代表该星系，编号为 UDFj-39546284，距离地球约 132 亿光年（来源：美国国家航空航天局 / 欧洲航天局）

于是，“广域和行星照相机”2 号拍摄了“哈勃”深空的图像。该图像于 1996 年发布。“哈勃”深空图像是 1995 年 12 月 18 日至 28 日连续 342 次曝光叠加和拼合而成的照片，覆盖的天空面积仅为满月的百分之一。在曝光物中发现的 3000 个物体中，大多数都是极其遥远的星系。这张照片揭示了早期宇宙中星系形成的碰撞过程。

“哈勃”深空的发现促使天文学家进一步深入，这意味着要到达更早的时间点。当我们向太空看的时候，我们实际上是在望向过去。光从太阳到地球需要 8 分钟，所以我们看到的事物已经是 8 分钟以前的事物。对于恒星来说，要退回到数年到数千年前，而对于星系来说，则是万古之前。深空把我们带回了大约 120 亿年以前，距离大爆炸不到 20 亿年。1998 年，在另外两种仪器的帮助下，“广域和行星照相机”2 号在天空的另一部分也拍下了深空的照片，从而可以确定宇宙在两个方向上看起来是一样的。2004 年初，新安装和改进的先进巡天相机在 2003 年 9 月 24 日至 2004 年 1 月 16 日之间，对天炉座进行了更加深入的探测，发现了超深空，其中有大约 1 万个星系，时间可以推回到 130 亿光年以前。当时，最早的恒星只存在了几亿年。2012 年，天文学家们进行了一项更深入的调查，探索了 132 亿年前的情况，他们使用了十多年来积累的观测数据，其中包括 2009 年最后一次维修任务中安装的“广域相机”3 号的观测数据。

美国国家航空航天局谨慎地与两家公司签订合同，生产最终进入太空的镜面和一个一模一样的备用件，以防进入太空的镜面在制造过程中损坏。备用镜面由柯达精密光学公司打磨和压制。目前该展品正在美国国家航空航天博物馆的“探索宇宙”展厅展出（来源：美国国家航空航天博物馆）

美国国家航空航天博物馆收集的从太空中换下的原始电荷耦合设备探测器。这是一个800×800的像素阵列，比现在常见的数码相机要小。邮票大小的探测器能够覆盖的面积也比较小，并且广域和行星照相机也必须使用这些探测器阵列。由于配套的电子元器件很大，探测器必须与相机分离（来源：美国国家航空航天博物馆）

初发现宇宙构成的两个人。史密斯担任此项工作的领导并提供指导，他的工作为日后获得“哈勃”望远镜的备用镜面打下了基础。“哈勃”太空望远镜的备用镜面由柯达公司生产，由珀金·埃尔默保存。德沃金把主要精力放在仪器上，将来自首个广域与行星相机的元件重新安装到戈达德航天飞行中心的一个工程测试装置中。他希望用这个装置说明最初的广域与行星相机（以及第二代）如何克服电荷耦合设备固有的尺寸限制。之前在太空厅展出的微弱目标摄谱仪被转移到新展厅，用于展示如何利用仪器寻找暗物质。

“探索宇宙”展馆于2001年9月开馆，在短短几年内，史密森尼研究所“哈勃”遗产小组通过“哈勃”太空望远镜广域与行星相机2号拍摄到了许多极具视觉冲击力的照片，因此呼吁博物馆展出这些照片。策展人将太空厅的西侧墙壁上挂满了“哈勃”望远镜拍摄的照片，其中包括一架新“先进巡天相机”拍摄到的新图像。这架先进巡天相机在2002年3月第四次维修任务中安装，它的电荷耦合设备比之前使用过的都要大。此次任务中还为近红外照相机和多目标光谱仪安装了一个新的冷却系统，安装了更高效的太阳能电池板，更换了另一个存在故障的反作用轮。博物馆之后又陆续展出了来自“哈勃”太空望远镜拍摄的许多壮观图像。

2003年底，不断老化的部件令“哈勃”项目的负责人感到担忧，于是他们计划在2005年执行第一次维修任务。但在2003年“哥伦比亚”号航天飞机失事后，2004年1月，美国国家航空航天局领导层取消了第四次载人

哈勃的关键项目

20 世纪 20 年代，埃德温·哈勃不仅发现了银河系之外的星系，还发现了我们处于一个由星系组成的宇宙中。不仅如此，这些星系还倾向于彼此远离，因为它们之间的距离越远，就会移动得越快。换句话说，宇宙在不断膨胀，而不是静止的。那么宇宙一定是从某一刻开始膨胀的，这一刻就是时间和空间的开始。天文学家将这一刻称为“大爆炸”。

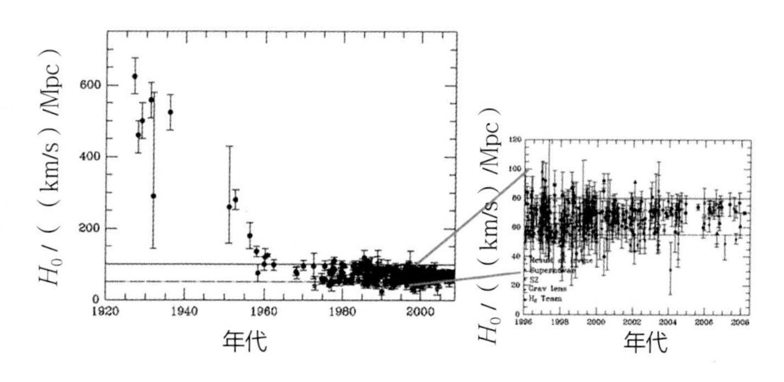

对哈勃常数的改进

从 20 世纪 30 年代开始，直到 2008 年，天文学家对哈勃常数不断进行改进，将其从每秒几百千米的百万秒差距减少到每秒几十千米，增加了宇宙膨胀的估计年龄。纵轴（误差范围）近年来的估计范围也缩小了许多。“哈勃”望远镜的关键项目在这一改进过程中发挥了重要作用

哈勃并不是唯一一个考虑膨胀影响的天文学家，但他是第一个系统测量星系速度的人，他还确定了星系之间的距离，并且推断出了这之间的相关性。从哈勃的时代以来，计算宇宙的膨胀率就是一个巨大挑战，也就是天文学家所说的“哈勃常数”。如果这真的是一个长久以来没有发生过改变的常数，那么数值是多少呢？如果我们知道数值，就能估计宇宙的年龄。这是哈勃关键项目的意图。

如图所示，天文学家对哈勃常数的估计随着时间的推移不断发生改变。纵轴表示数值的不确定性范围，说明了宇宙膨胀年龄的不确定性。20 世纪 50 年代之前，膨胀率非常高，所以根据核聚变理论，膨胀年龄似乎远远小于地球的地质年龄或恒星的年龄。“哈勃”望远镜的初始膨胀速度为每秒 550 千米 / 百万秒差距（1 秒差距为 3.26 光年），但随后的重新校准将数值降低到相对年龄相当吻合的程度。

然而，20 世纪六七十年代时，人们还是纠结于这个数值到底是多少。当时这个数值已经降低到每秒 150 千米 / 百万秒差距以下，不确定性的范围不超过 30%。这也是为什么“哈勃”太空望远镜的一个关键项目是进一步研究速度和距离的相关性的原因，这种相关性基于“造父变星”和银河系外尺度的其他距离指标。20 世纪 80 年代，一个由 13 位天文学家组成的团队提出“哈勃关键项目”，目标是将误差降到哈勃常数的 10% 以下。哈勃仪器为研究提供了高分辨率能力。在 1999 年，关键项目团队实现了这一目标。他们重新校准所有距离指标，将银河外距离尺度细化为 71+/−7，对应的宇宙膨胀年龄为 130 亿年多一点。

在最后一次维修任务中，宇航员准备拆卸“广域和行星照相机”2号。“广域和行星照相机”2号的白色散热器在太空中暴露了大约17年，已经成为太空碎片对“哈勃”望远镜影响的历史记录。出于这一原因，散热器的表面首先被送到戈达德航天飞行中心，然后送到约翰逊航天中心，在那里进行了彻底的检查，以确定空间碎片对近地轨道的影响并估计微观污染程度（来源：美国国家航空航天局）

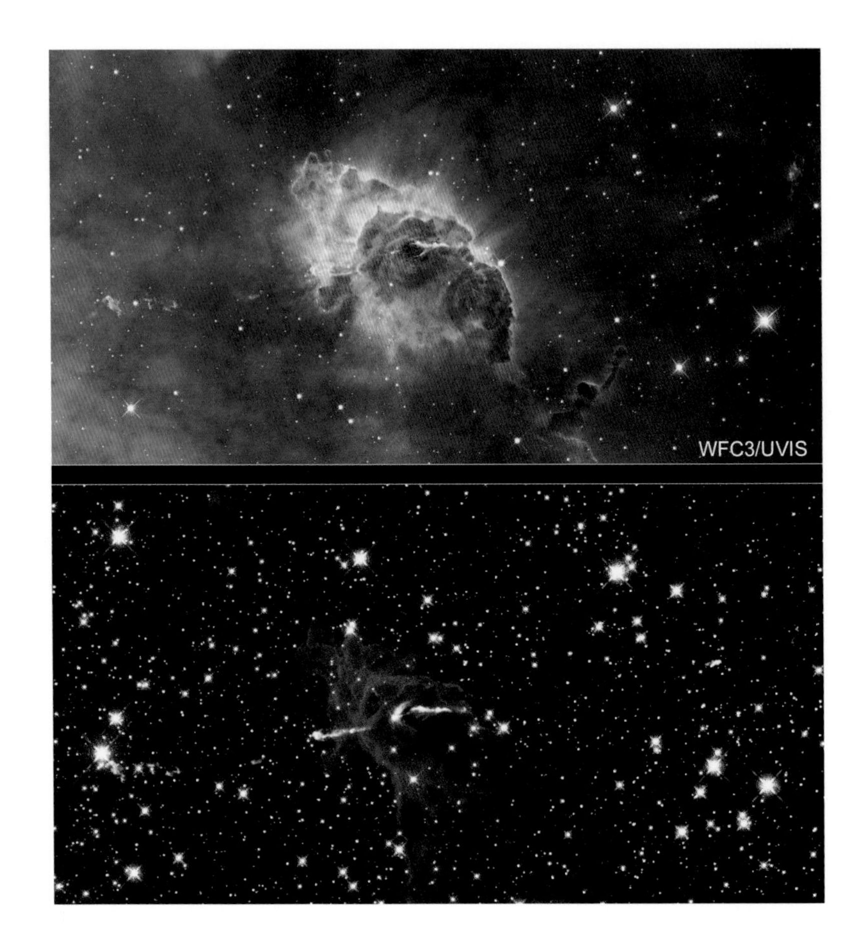

天文学家们用“哈勃”望远镜上的“广域和行星相机”3号作为主要成像相机，朝着南方天空船底座大星云的方向观测巨大的气团和尘埃。可以在下方的红外图像中看到一颗正在形成的恒星（来源：美国国家航空航天局/欧洲航天局）

航天任务，决定暂时由机器人执行任务。天文学家们呼天抢地，连公众也为这一决定感到震惊，这也从侧面反映出“哈勃”望远镜所拍摄照片的受欢迎程度。重压之下，一位新上任的美国国家航空航天局管理人员恢复了预计在2009年5月执行的最后一次维修任务。此次任务包括：修理两个主要仪器（先进巡天相机和太空望远镜成像光谱仪）；将“广域与行星相机”2号换成电荷耦合设备芯片更大的广角相机3号，它可以捕捉近红外光线以及附近的可见光和紫外线；移除校正光学太空望远镜轴替换件并安装“宇宙起源光谱仪”。他们还更换了所有新电池和陀螺仪，安装了新的精密制导传感器、热防护层和命令与数据处理装置。宇航员们安装了一个抓取固定装置，以防未来可能出现的机器人任务。预计未来的机器人任务可能是进行修理，可能是将望远镜返回地球（不太可能），还可能是使望远镜安全脱轨（最有可能），这将导致望远镜在再入大气层时烧毁。

“校正光学太空望远镜轴替换件”曾经是大多数仪器的原始校正装置，但现在已经被取代，因为现在所有的仪器都包含了镜面问题的光学修复。博物馆在2009年9月从美国国家航空航天局借来替换下来的“校正光学太空望远镜轴替换件”。目前该装置已经在太空厅正式展出。

“广域和行星照相机”2号在2009年至2010年短暂展出了几个月，然后被送回美国国家航空航天局进行评估。散热器装置已经在太空环境中暴露了约16年，工程师希望用显微镜检查装置表面的每一平方毫米，清点所有撞击过这颗卫星的太空垃圾。目前他们的检查结果还没有出来，但未来博物馆展出“广域和行星照相机”2号时，一定会向参观者好好讲述它在太空中的经历。

回声

“哈勃”太空望远镜对天文学的影响是巨大的，它不仅让天文学家了解到许多奇妙的宇宙运行方式，也让他们意识到身为天文学家肩负的神圣使命。“哈勃”太空望远镜无疑是天文学历史上的一个里程碑。但毋庸置疑，它的历史将不止一次地被改写。

回顾“哈勃”太空望远镜的历史，我们不禁要问，将它设计成一个由航天飞机发射，然后由宇航员在后续任务中进行在轨维修的仪器，是否是正确的做法。答案取决于对“正确做法”的定义。“哈勃”望远镜的任务是协助科学研究，支持载人航天事业的发展。因此，如果根据“哈勃”望远镜获得的关于天文宇宙的知识评价这项任务的成本效益未免过于狭隘。我们应该根据一项更大的成就来评估任务的成本，即通过航天飞机提供持续在轨维修能力。

“哈勃”太空望远镜多次出现问题，甚至在发射之后就存在严重缺陷，如果不进行反复修复，绝不可能为天文学家提供源源不断的信息。因此，有人认为，对其进行修复是正确的决策。但也有人说，虽然其他“大型轨道天文台”计划中的望远镜都不可维修，但它们都运转良好，传回了有关宇宙的革命性信息。这些望远镜所在的轨道航天飞机无法到达，但也因此实现了最大的科学探索能力。如果考虑每次维修任务的成本，那么这些望远镜的成本，无论是开发还是运营成本都比“哈勃”太空望远镜低不止一个数量级。

“哈勃”太空望远镜本来可以被放置在一个更高的轨道上，这样受到来自外层大气的紫外线干扰会更少，但这样就无法对其进行维修。所以真正的问题是，如果说“哈勃”是“大型轨道天文台”计划中唯一可以维修的望远镜，那么为什么只有它需要维修呢？罗伯特·史密斯发现，承包商们这样设计望远镜是为了让美国国家航空航天局相信这样可以减少成本，因为可以减少单独组件的测试。他们也承认这可能会增加失败的风险，但又辩称任何故障都可以通过在轨维修修复。20世纪70年代时预估的利用航天飞机进行在轨维修的成本远远低于实际成本。

史密斯表示，维修任务产生的成本完全可以再造一架新望远镜。因此，以航天飞机为主要运输工具的任务对科学探索来说是否是正确的选择仍然没有答案，但显然美国国家航空航天局认为是正确的。

——大卫·德沃金

“哈勃”太空望远镜规格说明（飞行单元）

制造商： 洛克希德·马丁航天系统公司；珀金·埃尔默公司
长： 43.5 英尺（13.3 米）
直径（底部）： 14 英尺（4.3 米）
重量（发射时）： 24500 磅（11113 千克）
主镜： 94.5 英寸（2.4 米）1825 磅（828 千克）
轨道： 距地球赤道 28.5 海里（569 千米，或 32.8 英里）
发射： 1990 年 4 月 24 日，“发现”号航天飞机（STS-31）
维修任务 1： 1993 年 12 月
维修任务 2： 1997 年 2 月
维修任务 3A： 1999 年 12 月
维修任务 3B： 2002 年 2 月
维修任务 4： 2009 年 5 月